長沼　毅

辺境生物はすごい！

人生で大切なことは、すべて彼らから教わった

JN262796

幻冬舎新書
385

はじめに

生命の限界を知ることで、生命の可能性が見える

私は、恥ずかしながら「科学界のインディ・ジョーンズ」と呼ばれたりしています。脳科学者の茂木健一郎さんが、ある番組でご一緒したときに、そう名付けてくださいました。南極や北極、深海、砂漠など、人類から見たら〝過酷な環境〟で生きる生物を研究するために、ふつうの人が行かない（行き方さえわからないような）辺境へ、チャンスがあればどこへでも行くものですから、変わり者の冒険野郎に見えるのかもしれません。本心ではいつも「そんなところに行くのは、めんどくさい」と思っているし、この仕事に就いたのも勘違いや偶然の結果なのですが、それについては本書の中で……。

それはともかく、私自身、「生命という深淵なる世界」を冒険している気持ちが強いで

すから、この呼び名はとても気に入っています。

「科学界のインディ・ジョーンズ」というのは、茂木さんがつけてくれた異名ですが、実は、私自身は「辺境生物学者」と名乗っています。ちなみに、この肩書は世界に一人しかいません。というのも、私がただの「生物学者」という肩書きではつまらないと思って、勝手に「辺境」というのをくっつけたからです。

私にとって**「辺境」とは、生命の限界です。**「辺境の地」というのは、過酷な環境のために生命体が非常に少ない場所のこと。実際、出かけていっても、何の生命も採集できないこともあります。それから、耳慣れない人がほとんどだと思いますが、「辺境のサイズ」というものもあります。「これ以上小さくなると生命として存在できないサイズ」のことで、私は、これを「サイズ辺境」と呼んでいます。

こうした**「辺境」を知るということは、生命の限界を知ることです。これは、すなわち生命の強さや神秘を知ることでもあります。**

辺境で生きる生物は、生命維持の仕方も時間軸も、人間とは違います。人間の社会や組織で生きているわれわれとは、共通点などないように見えるのですが、私自身は「辺境の生物」から人生のヒントをたくさんもらいました。おかしな話に聞こえるかもしれませんが、私は、辺境生物を知り、研究したことで、生きることが楽しく、ラクになったのです。そして強くなれたと思います。それは、**辺境生物が、生きる意味を教えてくれた**からなのです。

人間にしたら「信じられない」場所――。そういう辺境でも、生命が育まれています。しかも、生きるために、生命体はいろんな進化をしています。「生物といえるの？」と疑問を持ちたくなるような形をしたものが多く、人間とは何もかも違いますが、両者とも同じように「細胞」が集まってできています。同じように「生命」を育む個体なのです。

私たちは、「自分が知っている世界」のルールに当てはめて、物事を判断しがちです。ところが辺境に行くと、私たちの「常識」が、いかに「常識じゃない」かを感じることになります。知らず知らずのうちに、垢のように心にこびりついてしまった、「常識」という名の「思い込み」を、辺境で得られる経験や知識は、ぽろぽろと落としてくれるのです。

あなたも私も、世界中にたくさんある生命のひとつにすぎません。**「立派で個性的な自分」など、この広い世界の、生命のメカニズムの中では無意味**です。

たしかな真実は、**「私たちには命がある」**ということ。その命は、今日突然生まれたものでなく、何十億年という年月の中で続いてきた偶然や競争や進化の先にあるものだということ。そしてそこには、さまざまな命の絆を紡いできた**「世界」がある**ということ。その**「世界」がなければ、命は生まれなかった**ということ――。

私は、今ここにいる奇跡を、心からうれしいと思っています。この命から知り得るさまざまなことが、毎日楽しくて仕方ありません。

本書では、辺境生物のことから、辺境へ行くに至った過程、私と生物学との出会い、進化と生命についての考察など、私自身の「辺境生物との出会いとそこでの学び」をまとめました。辺境生物学者としての私の人生を振り返るものでもあります。

辺境には、ロマンが尽きません。地球だけでなく、地球外生命、ひいては〝宇宙人〟のメカニズムを解明するヒントの宝庫でもあります。生命のミクロの根源を研究する材料でもあり、大きな夢を見せてくれる材料にもなる。

辺境はなかなか行けない場所ですし、辺境の生物と触れ合うことは、ふつうできません。ですから、私の経験をお話ししたいと思いました。

私が辺境で見てきたもの、辺境と出会ってからの私自身の変化が、読者のみなさんの何かしらのヒントになれば幸いです。

めんどくさいと言いながら、私は、やはり辺境へまた出かけてきます。

２０１５年７月

辺境生物学者　長沼　毅

辺境生物はすごい！／目次

第二章　どんな生物も「世界」にはかなわない
――進化も仕事も「外圧」で決まる　47

構成協力　岡田仁志

第一章　「辺境」の超スローライフに学べること

北極から帰国した翌日に富士山登頂

以前、学生たちと研究のため富士山に登ったときのことです。宿泊先は、かつての富士山測候所。ここは現在、夏のあいだはNPO法人が施設を借用して、研究活動を行っています。そこに宿泊するにあたって、管理している方からこんな忠告を受けました。

「富士山をナメてはいけませんよ。夏でも、朝は北極並みに寒いですから」

近頃は軽装で富士山に登ってトラブルを起こす人がよくいるので、当然のアドバイスでしょう。でも、私はこう答えて、相手をポカンとさせてしまいました。

「あ、大丈夫です。私、昨日、北極から帰ってきたばかりなので」――。

こんなふうに言い返す人は滅多にいないでしょう。北極から帰ってきた翌日に富士山に登る人間なんか、まずお目にかかれません（というか、北極に行く人自体がほとんどいないわけですが）。

しかし実際、あのとき私は北極で微生物のサンプル調査を行い、帰国してすぐ富士山に向かいました。われながら、無茶な日程だとは思います。

でも、仕方ありません。

アメリカやヨーロッパへの旅行なら、大学の夏休みを利用するなど、自分の都合に合わせて日程を組むのも難しくはないでしょう。

しかし北極のような場所となると、そうはいきません。一人旅の感覚で船や飛行機を手配するわけではないので、どこかから声がかかったら、それに合わせて仕事のスケジュールを変えるしかない。「その時期は大学の仕事が……」などと断ってしまうと、次にいつチャンスが得られるかわからないのです。

私が研究のために足を運ぶのは、北極だけではありません。反対側の南極、深度数千メートルの海底火山、赤道付近の砂漠、標高5000メートルの高山などなど、私はしばしばアクセスの難しい場所で生物のサンプル調査を行います。

それらの土地へのアクセスが難しいのは、単純な話、ふつうの人があまり行きたがらない場所だからでしょう（たくさんの人たちがそこに行きたがるなら、そのニーズに応じて交通の便などがよくなるはず）。なぜ人がそこに行きたがらないかといえば、言うまでもなく、「体がキツい」からです。やたら寒かったり、ひどく乾燥していたり、空気が薄かったりするのですから、まったくもって楽ではありません。

たまに「科学界のインディ・ジョーンズ」などと呼ばれるので、私のことを「冒険大好き人間」みたいに思っている人もいるでしょうが、それは誤解です。私は実をいうと泳げませんし、とくに体が丈夫なわけでもありません。高山病などにはかかりにくい体質だと思っていますが、いちいち熱を測ったりしないので、かかっても気づかないだけのような気もします。

富士山を登ったときは、途中でリタイアする学生たちを見て「おまえら弱すぎるだろ」と思いましたが、そういう私も人のことはいえません。たとえば以前、ウガンダとコンゴの国境にあるルウェンゾリという5000メートル級の山に登ったときは、体にかなりの変調を感じました。熱は測りませんでしたが、脂汗は出るわ、吐き気はするわで、どうにもなりません。

「すまないけど、5分だけ眠らせて……」

同行してくれたポーターたちにそう告げて、途中で何度か仮眠を取りました。そうやって寝たり起きたりをくり返しながら、やっとのことで山頂にたどり着いたのです。

こんなこと、好きでやるわけがありません。そういう場所で調査ができるのはありがたいことですが、「行ける」と決まった瞬間、うれしいと思う反面、頭の片隅を「めんどくさっ」という言葉が過《よぎ》るのも正直なところです。

長沼メモ　人が行きたがらないところに行くのは、当然めんどくさい。

南極、北極、赤道直下の氷河――海を隔てて、同じ遺伝子を持つ生命が存在する

ちなみに、そのルウェンゾリに登ることになったのも、北極での研究と関係がありました。北極で採取した「地衣類」に属する微生物を分析したところ、それ以前に南極で採取した地衣類と遺伝子がほぼ一致したのです。

北極と南極は、環境がよく似ているので、同じような生物がいるのは当然だと思われるかもしれません。たしかに、極地の環境は生物にとって「過酷」という点でよく似ています。とくに氷河のまわりは、温度が低いだけでなく、場所によっては非常に乾燥していますし、風も強いので、動物が少ないのはもちろん、大きな樹木も根づきません。地衣類は菌類と藻類が合体したものですが、そういう特殊な生物しか生きられないのです。ですから、北極にも南極にも地衣類がいること自体はごく自然なことでしょう。

しかし、環境が似ているとはいえ、北極と南極は遠く離れています。それぞれ地球の反対側にいるのですから、**ふつうに考えれば、両者のあいだに「出会い」はないでしょう。**

その遺伝子が一致するのは、非常に不思議です。

そこで考えられるのは、「こいつらは地球上のどこにでもいるのではないか」という仮説。極地以外の乾燥した氷河地帯にも同じ遺伝子を持つ地衣類が存在すれば、それが北極と南極にいることはとくに不思議ではありません。大昔の地球は氷河期を経験しましたから、そのとき地球全体に広がった地衣類が現在は氷河で生き残っていると考えることができるのです。

そこで目をつけたのが、ルウェンゾリでした。その山頂付近には、氷河があります。位置は、赤道直下。しかも、日本の北極観測基地があるスピッツベルゲン島と南極の昭和基地を結ぶ縦線（おおむね経線）と横線（赤道）がちょうど交わるところにあるのです。日本人としての因縁も感じてしまうので、これはもう、そこに行って地衣類をゲットするしかありません。

……と、覚悟は決めたものの、やはりいざ行くとなると「めんどくさっ」でした。

もちろん、**ふつうは誰も行かない場所に行けるのは、楽しいことでもあります**。しかもそのときは、研究者が日本から私を含めて2人、ベルギーとイギリスから1人ずつ、さらに現地で30人ものスタッフを雇うという、大昔の探検隊のような雰囲気でした。自分の中に残っている少年の心が刺激され、何となくテンションも上がります。

しかし、実際に行くのは大変。山の麓までは車で行けるものの、そこから徒歩で片道4日かかるというのですから、イヤでイヤで仕方ありません。

それでも**わざわざ過酷な環境の土地に出かけていくのは、言うまでもなく、研究に値する生物がそこにいるから**です。そのルウェンゾリでは、狙いどおり、極地で採取したサンプルとほぼ同じ遺伝子を持つ地衣類を見つけることができました。南極、北極、赤道直下を渡り歩いて、重要な成果を挙げることができたのです。

長沼メモ　人類よりずっと単純な作りの生命体から、単純には理解できない真実を知ることがある。

「極限環境」と「辺境」は同じだけどちょっと違う

北極や南極、砂漠、深海などのことを、生物学の世界では一般的に「極限環境」と呼びます。英語では、「extreme environment」。米国の宇宙生物学プログラムでもこの言葉が使われており、その流れで「極限環境生物学会」という学会も誕生しました。ですから、これが学問上の正式名称になります。

でも、**そこに棲んでいる生物にとって、その環境は「極限」でも何でもない**でしょう。「住めば都」という言葉もあるように、環境に適応して生きている者にとって、そこは暮らしやすい場所のはずです。あくまでも、私たち人間から見れば「極限」のように思えるということにすぎません。**もし地球外に知的生命体が存在した場合、彼らから見れば、人類のほうが「極限環境生物」かもしれない**わけです。

とはいえ、そういう環境に生息する生物が、私たち人類と同じような環境で暮らしている生物――イヌやネコやカエルやバッタや大腸菌などなど――とは異なる特徴や性質を持っているのも事実。したがって、「極限環境生物」のような名前をつけて区別することには学問的にも重要な意味があります。

そこで私が好んで使うのは、「辺境生物」という言葉。もちろんこれも、人間を基準とした表現という点で「極限環境」と変わりません。そこに棲んでいる生物にとっては、そこが中心であって、「辺境」ではないでしょう。彼らから見れば、人類のほうが「辺境生物」ということになります。

それでも私が「極限環境」より「辺境」という言葉を好むのは、こちらのほうが「アクセスしにくい」というニュアンスが伝わりやすいからです。**極地や深海や砂漠は人間にとって「生きにくい環境」であると同時に、「行きにくい場所」でもある。**辺境は、２つの意味で、私たちにとって「いきにくい」わけです。

だからこそ、辺境生物の研究は、正直なところ、めんどくさい。微生物研究は、現地で採集したサンプルを持ち帰って実験室で増殖させるのですが、いつまでもなくならないわけではありません。最初のサンプルを採取するだけでも大変なので、実験をしながら「これ、なくなったらまた取りに行かなきゃいけないんだよな……」と憂鬱な気分になったりもするわけです。

長沼メモ

いかなる「極限」も「辺境」も、そこに棲んでいる生物にとっては「住めば都」。見方を変えると、真実が真逆になる。

謎の深海生物・チューブワーム

そんなこともあって、大多数の研究者は辺境生物を扱いません。たとえば生物の多様性研究であれば、熱帯雨林や珊瑚礁などに多くの研究者が集中しています。日本で暮らす一般の人々から見れば、**熱帯雨林地帯も十分に「辺境」でしょうが、生物学者にとっては「中心地」のようなもの。**簡単にアクセスできるジャングルなら、多種多様な微生物のサンプルを大量に集めることができるので、効率よく研究を進めることができます。

深海生物の分野なら、多くの研究者が集中するのは海底火山の周辺です。もちろん、深海はアクセスが困難なのでそれ自体が「辺境」といえるでしょうが、その中にも、サンプルを集めやすい場所とそうではない場所があるのです。

とくに**海底火山の周辺にある「熱水噴出孔」は、生物の宝庫。**そこまで行くのは大変ですが、いったん行けば、さまざまな生物をごっそり持ち帰ることができます。

ちなみに、私が生物学の世界に進むきっかけのひとつだった「チューブワーム」も、海底火山周辺の熱水噴出孔で発見されました。最初に見つかったのは、1977年のこと。それは言ってみれば「ぬるま湯」のようなものでした。本格的な高温の熱水噴出孔で発見されたのは2年後で、私は当時まだ高校生でした。

ちょっと話は逸《そ》れますが、本書では今後も何度か登場すると思われるので、チューブワームについて少し説明しておきましょう。

チューブワームは、実に奇妙な生物です。その名のとおり、1本の白い筒（チューブ）

の先に赤い花のような物がついた形をしているのですが、そこには口も消化管も肛門もありません。「それではエサが食べられないじゃないか」と思うでしょう。でも、心配はご無用。チューブワームは、動物なのに物を食べないのです。

物を食べずに生きているなら、それは動物ではなく植物のような気がしてきますが、それはあり得ません。チューブワームが発見された深海には、太陽の光が届かないからです。

植物の特徴は「光合成」をすること、すなわち、光エネルギーを使って水と二酸化炭素から炭水化物（たとえばデンプン）を作ること。だから、光のない深海で植物は生きられない、したがってチューブワームは植物ではない、ということになるのです。

では、物を食べず、光合成もしないチューブワームは、どうやって栄養を得ているのでしょうか。

驚いたことに彼らは「光合成とほぼ同じこと」をほかの生物にやらせています。体内に共生する微生物（イオウ酸化細菌）が、チューブワームのために栄養を作っているのです。

そのエネルギー源は、海底火山から噴出する硫化水素という火山ガス。イオウ酸化細菌はそれを燃やして化学エネルギーを取り出し、それを光エネルギーの代わりに使って、自分自身とチューブワームのための栄養を二酸化炭素から作り出します。この仕組みは、太陽の光エネルギーと水と二酸化炭素から栄養を作る植物の光合成とほぼ同じ。いわば「**暗黒の光合成**」です。

長沼メモ

- 地球には、あなたが知っている以外の「命の育み方」がある。
- 人がやりたがらないことをすると、人の知らない発見に出会える。
- 「今いる場所」「今の自分」から脱却すれば、新しい世界が開けてくる。

海底火山の発見が、科学に大きな意識変革をもたらした

光合成をしないという意味では植物ではなく、物を食べないという点では動物ともいいがたい——そんなチューブワームは、生物の「共生」を考える上でも重要な意味を持つのですが、それについては別の章で詳しくお話ししましょう。

ともかく、この不思議な生物の発見は学界に強い衝撃を与えました。高校生から大学生になった頃の私も、そのニュースに大きな関心を持ち、**「生命とは何か」「生物の起源は何か」といった大テーマと関連してこの深海生物に惹かれるようになった**のです。ですから、のちに研究者として「しんかい２０００」という潜水船に乗り込み、初めて深海の熱水噴

出孔でチューブワームの大群を目の当たりにしたときは、大いに感動しました。

70年代の後半にチューブワームが発見されたのは、プレートテクトニクスによって海底火山が見つかったからです。理論が予言する場所に行ってみたら、たしかに海底火山がありました。それ自体は想定の範囲内だったのですが、海底火山だけでなく、**誰も予想しなかった謎の深海生物も発見されてしまった**わけです。

私がチューブワームに惹かれたのは、それが「生命の起源」という大テーマと関係がありそうに思えたからでした。地球最初の生命はおよそ40億年前に誕生したと考えられていますが、それがどこでどのように生まれたのかはまだわかっていません。しかし、仮説はいろいろあります。

たとえば、「原始のスープ」という言葉を見聞きしたことのある人は多いでしょう。40億年前の海にはアミノ酸や糖などの有機物が豊富に含まれており、その「スープ」の中で有機物が化学反応を起こして生命が生まれた——という考え方です。

では、その有機物はどうやって作られたのか。

それを説明するために行われたのが、有名な「ユーリー＝ミラーの実験」（1953年）です。この実験では、地球の原始大気に含まれていたと思われるメタン、水素、アンモニア、水蒸気をガラス容器に封入し、そこに6万ボルトの高圧電流を放電しました。ちょうど、原始の大気中に雷が発生したのと同じ状態です。これによって数種類のアミノ酸が発生することがわかり、太古の地球で無機物から有機物を作ることが可能だったことが実証されました。

ただし、無機物から有機物が作られるのは大気の中だけとはかぎりません。

そこで注目されるのが、海底火山の熱水噴出孔です。そこで起きている熱水循環という現象を実験室で再現したところ、やはりメタンやアンモニアなどの無機物からアミノ酸などの有機物が生成されることがわかりました。そのため、海底火山が「生命の起源」として有力視されるようになったのです。

チューブワームは、その海底火山周辺で発見されました。だから私は研究者になった当初、海底火山の世界にのめり込んでいったのです。

長沼メモ 私が海底火山にのめり込む理由は、それが「生命の起源」のカギを握っているから。

地球全体で見れば、「辺境」のほうが圧倒的に広い

しかし発見から三十数年が経ち、研究が進んだ結果、チューブワームはそんなに「珍しい生物」ではないことがわかってきました。似たような生物は、海底火山以外の深海にもたくさんいるのです。

身近なところでは、たとえば相模湾の周辺。江ノ島沖や熱海の沖などに、熱水噴出孔は存在しませんが、そこには大きな活断層があります。そこから出てくるガスが「エネルギー源・栄養源」となり、熱水性のチューブワームの仲間を生かしているのです。

海底火山には「エネルギー源」である硫化水素が大量にあるので、チューブワームを見つけやすいのはたしかでしょう。しかし火山の存在は、チューブワームが生きるため絶対に必要な条件ではありません。海底火山以外でも硫化水素が出てくれれば、そこでもチューブワームが生きていくことはできる。海底火山の周辺は個体数が多いから、たまたまそこで最初に発見されたというだけのことです。

ただし少し前まで、チューブワームのような生物は、海底火山や海底活断層の周辺だけの限定的な存在だと考えられていました。ところが最近になって、火山も活断層もないごくふつうの深海底にも、チューブワームの親戚がいることがわかっています。海底の泥にも硫化水素が含まれており、それを使えば微生物が「暗黒の光合成」を行うことができるのです。

そんなふつうの海底にいるなら、なぜ海底火山を発見するまで見つからなかったのかと不思議に感じる人もいるでしょう。ごもっともな疑問です。

でも、海底の泥というのは実に扱いにくく、生物学者にとってはいちばん苦手な代物。仮にチューブワームの仲間がそこにいても、ゴミと区別がつかずに捨ててしまったケースがあるかもしれません。

海底火山周辺で発見された当初、チューブワームは、従来の生物観を覆すような「奇妙な動物」として注目されました。しかし深海底のどこにでもいるとなると、それは決して例外的な存在ではありません。**これまでの常識に照らせば「奇妙」かもしれませんが、地球全体から見れば、少しも珍しくない「ふつう」の生き物**だといえるでしょう。

なにしろ、海は私たちが住んでいる陸地よりもはるかに広いのです。その海底に薄く広く存在するチューブワームの仲間たちは、ある意味でスタンダードな地球生命なのだと考えざるを得ません。

ここで大事なのは、**「辺境」は決して「例外」ではない**ということです。人間にとっては2つの意味で「いきにくい」辺境ですが、そこにも多様な生物が存在します。しかも、

地球を見渡せば、辺境のほうが面積も体積も圧倒的に大きいのですから、地球上の生命について考えるなら、辺境生物を無視できるわけがありません。むしろ、そちらにこそ地球生命の本質があるかもしれないのです。

ところが、深海底の生物は研究がしにくい。その理由は、アクセスが難しいことだけではありません。研究者にとっては、もうひとつ厄介な問題があります。それは、ライフサイクルが「遅い」ことです。

たとえばバクテリアのような微生物は細胞分裂によって増殖しますが、そのペースは生きている環境に大きく左右されます。単純な話、エサが豊富な環境のほうが、ライフサイクルは速くなると考えていいでしょう。**エサの少ない環境では、ライフサイクルの遅い生き物のほうが生き残りやすい**のです。

深海生物でいえば、海底火山の熱水噴出孔周辺はエネルギーや化学物質が豊富なので、生物の増殖や代謝反応などが速くなります。そこで採取したバクテリアは、実験条件をうまく整えれば、たとえば1日に1回のペースで分裂してくれるものもある。これは、研究者にとって実にありがたいことです。研究には大量のデータが必要ですから、それが早く集まれば集まるほど効率がいい。1日1回のペースで分裂すれば、サンプルが10日で10

24倍になるのですから、成果も早く出せるでしょう。つまり、「回転の速い生物」を研究対象にしたほうが、論文を量産しやすいわけです。

それに対して、海底火山も活断層もない「ふつうの深海底」は、エネルギー源や化学物質がきわめて少ないので、そもそも生物がほとんどいません。しかも、わずかに存在する生物のライフサイクルが非常に遅い。生きるのに必要な材料が少ないので、ノロノロとゆっくり増えるタイプの生物しか暮らせないのです。

したがって研究者にとっては、ひどく効率が悪い。なかなかデータが増えないので、下手をすれば10年に1本ぐらいしか論文が書けないかもしれません。その意味で、成果を求める研究者にとっても、辺境は「いきにくい」カテゴリーなのです。

ちなみに、最近話題になった深海生物のダイオウグソクムシは、5年間絶食しても生きているとびっくりされました。なぜそれで生きていけるのかのメカニズムはまだわかっていませんが、非常に興味深いことです。砂漠にいるサソリの中にも、1年以上食べなくても生きる種がいるそうです。もしあなたがこれらの生物を研究すると考えたら、気が遠くなりませんか?

長沼メモ

- 人から避けられがちな「常識外」に、あえてスポットを当てる。
- 「研究しにくいもの」は、研究されずに残っていることが多い。

弱肉強食ばかりが自然界の掟ではない

でも、そこに生物がいる以上、誰かがそれを研究すべきでしょう。

もちろん、回転の速い生物は重要な存在です。生命現象の謎を1日も早く解き明かすには、その研究が欠かせません。**しかし地球の大半が「辺境」だとすれば、そこに暮らす「遅い生き物」こそが地球生命の主流だ**と考えることもできる。その研究から得られる知見も、やはり「生命の謎」を解明する上で不可欠です。

「ライフ・イン・ザ・スロー・レーン（Life In The Slow Lane）」

私が学生の頃、深海生物のジワーッとした遅い生態を見たアメリカの生物学者が、そんな言葉を掲げました。ちょうど、イーグルスの「ライフ・イン・ザ・ファースト・レーン（Life In The Fast Lane）」という曲がヒットした頃です。アルバム『ホテル・カリフォルニア』の3曲目といえば、同世代のみなさんは「ああ、あの曲か」と思い出すかもしれません。

その曲名を直訳すれば、「追い越し車線の人生」となるでしょうか。それに対して、**深海生物の多くは「遅い車線」をゆっくりと走っている**——と、そのアメリカの学者は見立てたわけです。この「ライフ・イン・ザ・スロー・レーン」という言葉を知ったことも、私が辺境生物に関心を持つきっかけのひとつでした。

追い越し車線をビュンビュン走る生物たちから遠く離れた辺境で、ジワジワと自分のペースで進む生物の生き方は、いわば「究極のスローライフ」でしょう。エネルギーも物質も少ない場所で、ひどく効率の悪い生活をしているわけですが、それで生き続けることができるなら、別に悪いことではありません。

人間社会でも、競争に勝つために効率を求めて「ファースト・レーン」を走るのに疲れて、**スローライフに魅力を感じる人々はたくさんいます。そして、それはもしかしたら動物として「ふつう」のことかもしれません。**

自然界の掟というと、「弱肉強食の過酷な生存競争」のようなイメージを抱く人も多いでしょう。たしかに、動物はほかの動物や植物を食べないと生きていけないので、「食うか食われるか」の厳しさがあるのは間違いありません。

しかしその一方で、**競争相手のほとんど見当たらない辺境で、ガツガツせずにゆーっくり生きている生物がいる。**さきほど挙げたダイオウグソクムシやサソリのような生き物もいれば、南極の海底には、成長が遅くて１５００年以上生きる海綿動物がいて、生物の多い温暖な海に棲む海綿動物よりずっと長生きです。チューブワームの仲間たちのように、物を食べず、自分ではエネルギーや栄養を作ることさえせずに、海の底でひっそりと暮らすものもいます。ある種のチューブワームは２５０年以上生きるとされています。……そんな生き物が地球上には満遍なく存在するのです。

そう考えると、自然界は「早い者勝ち」の生存競争ばかりではありません。競争せずにマイペースなスローライフを送るのもまた、自然界の標準的なスタイルだといえるのではないでしょうか。

長沼メモ　自然界は「弱肉強食」「早い者勝ち」ばかりではない。自分のペースでゆっくり生きることが「ふつう」な世界もある。

実は、スローライフこそが生物界の主流？

先ほど述べたとおり、辺境生物にはライフサイクルが遅いものもいるので、それを調べる研究者も「スロー・レーン」を強いられます。たとえば、私たちのグループが発見したオリゴフレキシアという新種のバクテリアは、サハラ砂漠でのサンプリングから論文発表まで、４年もかかりました。

微生物は、１つや２つつかまえただけでは、分析できません。大まかに言うと、１リットルのフラスコに入れた培養液が、その微生物で全体的に白く濁るぐらい増殖してくれて、やっと分析に取りかかることができます。

ライフサイクルの速い大腸菌のようなバクテリアの場合、さほど時間はかかりません。分析を始める日の前の晩にセッティングすれば、翌朝には十分な量まで増殖しています。

ところがオリゴフレキシアの研究では、それと同じだけ増殖させるのに、およそ半年もの時間を要しました。それだけ待ってようやく分析に着手できるのですから、研究の効率は大腸菌の数百分の一。まさに「スロー・レーン」をトボトボと歩くように、のんびりした相手に寄り添って研究しなければならないのです。

しかし、時間はかかったものの、これは大発見でした。単なる「新種」ではなく、「綱」

レベルの新発見だったのです。

生物分類の枠組みは、下から順に、種・属・科・目・綱。たとえば私たちホモ・サピエンスという「種」は、サル目（昔は「霊長目」といいました）という大きな枠組みの中のヒト科、ヒト属に分類されます。その「サル目」より大きな枠組みは、「哺乳綱」。つまり、**新しい「綱」の発見は、動物でいえば哺乳類レベルで新しい種類を発見したのと同じこと**なのです！

おそらく、動物や植物では、21世紀中に新しい「綱」が見つかることは滅多にないでしょう。もちろん、バクテリアの場合は動植物に比べて未知の領域がたくさんあるので、新しい「綱」が発見されても不思議ではありません。しかしそうはいっても、その未知の領域を大きく切り開いたという点で、これは大きな成果でした。「4年かけて論文1本」でも、決して効率が悪いとはいえないでしょう。

たぶん、こういうバクテリアは、あちこちの辺境にまだまだ「綱」レベルでたくさん存在しているに違いありません。そう考えると、「スローライフ」の世界はやはり例外的なものとはいえないでしょう。

バクテリアの量は、地球生物全体の中でもかなり大きな割合を占めます。その意味で、

「ライフ・イン・ザ・スロー・レーン」は決して「傍流の生物」ではなく、むしろ生き物の「主流」だと思われるのです。

長沼メモ 結果が出るのに時間のかかる研究にあえて挑んだことで、大きな発見に至った。

勝ちも負けもなく「ニッチ」で生き延びるのが、辺境生物のライフスタイル

いずれにしろ、ここで私たちがよく考えるべきなのは、こういう「遅い生き物」が、**長い進化の歴史の中で淘汰されずに生き残っている**ことでしょう。

生物の進化については次章でお話ししますが、これまで地球上では、多くの生物種が環境に適応できず、いわば「敗者」として滅びていきました。この地球で生物として生き残るのは、簡単なことではありません。少ないエサをチビチビと食べる消極的なライフスタイルのバクテリアなど、すぐに滅びても不思議ではないような気がします。

もし彼らが「ファースト・レーン」を走るような生き方をしていたら、あっという間に資源が枯渇して絶滅してしまったでしょう。**ライフサイクルが「遅い」からこそ、生き延びることができた**のです。

とはいえ、同じ環境に競争相手がほとんどいないからそれが可能だったわけですから、進化史における「勝者」ともいいにくい面があります。しかし、間違いなく「敗者」ではない。そもそも**「勝負」さえすることなく、いわば延々と「引き分け」のような状態で生きているわけ**です。

「優勝劣敗」という言葉もあるように、生物の進化は「勝ち負け」で考えられやすいところがあります。しかし、「勝つ」ことと「滅びない」ことは、必ずしも同じではないのでしょう。遅いのに滅びない生物を見ていると、そう思わされます。要するに、**負けなければいい**のです。

競争相手のいない場所を見つけて、誰も食べないような物を少しずつ食べていれば、勝つことも負けることもないまま、ジワジワと生き続けられる――これ、私たち人間にとっても、かなり示唆に富んでいるのではないでしょうか？

たとえば、ごくふつうの深海底で泥にまみれて生きているチューブワームの仲間も、海底火山周辺のチューブワームと比べると、個体の成長はきわめてゆっくりしています。硫化水素があるとはいえ、熱水噴出孔ほどの勢いはないので、かぎりある資源を大切に使いながら、少しずつ少しずつ、ジワジワと成長するしかありません。でも、滅びることはない。もしかしたら、そういう**「超スローなチューブワームの仲間」こそが、いずれは地球の覇者になるのではないか**と思うぐらいです。なにせ、寿命は２５０年以上もあると考えられているのですから。

競争相手がいないという意味で、辺境は「ニッチ（隙間）」でもあります。ニッチで生きるというと何となく「傍流感」が漂いますが、**実のところ「大部分がニッチ」なのが、この広大な地球環境の面白いところ。**ふつうは「生きにくい」と思われる辺境が大半を占めているからこそ、スローライフが主流になり得るわけです。

それが人間の生き方にそのまま当てはまるかどうかは、わかりません。でも、「隙間」という言葉の印象から勝手に「狭い」と思い込んでいるだけで、人間社会のニッチも意外に広いような気がします。

考えてみれば、私が取り組んでいる「辺境生物」というジャンル自体が、どちらかというとニッチのようなものかもしれません。**行きにくい上に時間もかかるので研究者は集中しないけれど、決して領域が「狭い」わけではない。**やるべきことは、まだまだいくらでもあります。

ちなみに、「辺境」は英語では「フロンティア」です。19世紀の後半、アメリカの開拓者たちが目指した西部のフロンティアは、まさに荒涼とした辺境でした。

その「フロンティア」が、今は日本語で「最前線」と訳されます。したがって、「辺境生物学」は「フロンティアの生物学」であり、再翻訳すると「生物学の最前線」となるのです。屁理屈といわれればそれまでですが、そう考えると、ますますやる気も出る。それも、私が「極限環境」より「辺境」を好む理由のひとつです。

長沼メモ　最終的に世界の覇者になるのは、勝ち負けに左右されない生物!?　負けなければ、滅びない。勝つことも負けることもないまま、ジワジワと生き続ける生物に何を学ぶか。

「地球外生命」は、究極の辺境生物

実際、**辺境に行けば行くほど、学問的にも「フロンティア＝最前線」を切り開くことになる**といえるでしょう。人類にとって最大の辺境がどこかを考えれば、それは明らかです。私たちにとって、もっとも「行きにくい」&「生きにくい」環境はどこか。それは、宇宙にほかなりません。

果たして、**宇宙に生物は存在するのか。**もちろん、この地球も宇宙の一部ですから、正確には「地球外生命」は存在するのか――というべきでしょう。これは、生物学にとってきわめて重大なテーマです。

この「アストロバイオロジー（宇宙生物学）」の進展には、地球における辺境生物学の発展が欠かせません。というのも、これまでの生物学が明らかにしてきたのは、おもに「ライフ・イン・ザ・ファースト・レーン」の性質でした。しかし、ライフサイクルの速い生物は、地球上にはたくさんいても、宇宙全体を見渡すとスタンダードな生物ではないかもしれない。宇宙が「辺境」だとすれば、それはむしろ特異な生物である可能性が高いと私は思います。**もし地球外生命が存在するとしたら、おそらくその多くは「スローライフ」でしょう。**

その性質を知らなければ、発見した地球外生命を正しく理解することはできません。それ以前に、あまりにライフサイクルが遅くて増殖や成長をしているように見えず、それが生命体であることにさえ気づけないかもしれない。地球外生命は、どんな形態をしているのかも想像がつかないところがあるのです。

たとえば、地球外生命が存在するかもしれないと期待されている天体のひとつに、タイタンという土星の衛星があります。表面に液体があるので「生物がいるのでは？」と思われているのですが、その液体は水ではありません。液体メタンや液体エタンなどの「油」です。しかし私たち地球人は、「油の中のバイオロジー」をほとんど知りません。地球上にも、油の中で辛うじて生きている生物の存在は知られているのですが、あまりに特殊なため、ほとんど研究されていないのが現状です。「油」という環境は、現時点では「辺境すぎる」のです。

しかし、**地球外生命のことを真剣に考えるなら、そういう辺境こそがまさに生物学の「フロンティア」でしょう。**アストロバイオロジーとは、より普遍的な形での生命研究でもあります。地球という特殊な環境に適応した生物だけを見ていても、普遍的な生命を理解することはできません。これまで以上に、辺境生物の研究を「開拓」する必要があるだろうと思います。

長沼メモ　辺境に行けば行くほど、学問的に「フロンティア＝最前線」を切り開くことになる。

第二章　どんな生物も「世界」にはかなわない

――進化も仕事も「外圧」で決まる

入る学部を間違えたので、生物学者になった

私は、生き物が苦手です。「生物学者のくせに何を言ってるんだ」と言われそうですが、本当にそうなのだから仕方ありません。

子供の頃も、虫が嫌いでした。だから、クワガタやカブトムシは別として、昆虫採集なんかしたことがない。それが今では、南極から北極まで、さらには深海から高山まで、辺境を渡り歩いて微生物を扱う仕事をしているのですから、人生わからないものです。

そもそも私の学者人生は、大学に入った時点で思い切りボタンをかけ違えていました。あろうことか、入る学部を間違えたのです。

私は高校時代、生物の教科書に載っていた「生命の起源」の項目に大いに興味を抱きました。具体的なモノとしての「生物」は苦手でしたが、もともと物事を理屈で考えるのが好きだったこともあって、抽象的な「生命」という現象には強く惹かれたのです。

そこで私は、教科書でその業績が紹介されていた原田馨先生の下で「生命の起源」を勉強したいと考えました。アメリカのNASAで仕事をされていた原田先生は、その頃すでに日本に帰国し、筑波大学の教授になっていたのです。

無事に筑波大学の生物学類に進学した私は、さっそく原田教授の部屋を訪ねて挨拶しました。ところが、どうも様子がおかしい。こちらが「生命の起源」やＮＡＳＡの話をしても、先生はキョトンとされています。そして、こうおっしゃいました。

「私の専門は、植物の組織培養ですよ？」

そう。その原田先生は、あの原田先生ではありませんでした。のちに筑波大の副学長も務められた、原田宏先生だったのです。

私が会いたかった原田馨先生は、生物学ではなく化学の教授。しかし私は、その業績を生物学の教科書で知ったために勘違いしてしまい、筑波大に「原田教授」がいることだけを調べて、生物学類に入りました。

ほかの大学なら、たいがい生物も化学も同じ理学部なので問題はなかったでしょう。でも筑波大の場合、化学は自然学類（当時）という別の学類（他の大学の学部に相当）です。転学類でもしないかぎり、原田馨先生の下では学べません。

茫然とした18歳の長沼クンは、その後、原田馨先生の部屋にも足を運びました。どうにもならないとは思いながらも、自分にとっての「本物の原田先生」にはやはり会っておきたかったのです。事の次第を説明すると、原田馨先生はこうおっしゃいました。

「それはしょうがないね、今いるところで頑張りなさい」

もし受験先を間違えず、自然学類に合格していたら、私は生物学者ではなく「化学者」として生命の謎を追っていたことでしょう。深海に潜ることも、南極や北極へ行くこともなく、ひたすら実験室でフラスコを振る日々だったと思います。

長沼メモ 「不本意」な道を「本意」と思い直すと、意外な楽しい道が開ける。

細部にこだわることの大切さを知る

行き先を間違えたのだから当たり前ですが、入学した生物学類は私にとってひどく居心地の悪い環境でした。私が好きなのは生命という現象でしたが、まわりの学生たちは生物というモノが好きな人ばかり。早い話、動植物の「マニア」が多いのです。

生命という現象を理屈で考えようとするとき、生物の多様性はあまり気になりません。**大事なのは、さまざまな生物の「違い」ではなく、「共通点」でしょう。あらゆる生物に共通する特徴があれば、それが「生命とは何か」という問いへの答えになる**わけです。

それに対して、マニアにとっては「違い」が大事。たとえばトンボのマニアは、いろいろなトンボのちょっとした翅《はね》の形の違いにこだわります。当初はそんな話に馴染むことができず、「そんな細かい違いはどうでもいいじゃないか」と思っていました。

トンボの翅の違いどころか、遺伝子がたった0・1％違うだけでも、この世界ではそれを問題視します。そんな些細な違いをほじくっても、生命の本質に迫れるような気がしませんでした。

でも、そんなことを言っていたのでは、生物学の分野ではやっていけません。原田馨先生にも「今いるところで頑張りなさい」と言われました。今いる場所は細部を大事にするところなのだから、それに合わせなければしょうがないでしょう。

「まあ、神は細部に宿るという言葉もあるしな」――などとブツブツ言いながら、私は細部にこだわるように自分を仕向けました。

すると、次第にその意義もわかってきます。**細かい知見をコツコツと積み重ねることで、大きな理屈を考えることができるようになる。**いきなり「生命の起源は何か」と大風呂敷を広げても、理屈だけでそれを解明することはできません。あえて細部にこだわることで、私はそれに気づきました。

考えてみれば、これはサイエンスの基本です。**理数系の学問は、どれも階段を一段ずつ**

上がるように勉強を積み重ねなければいけません。そこは、文系の学問と大きく異なるところでしょう。

たとえば日本史なら、平安時代のことを知らない人が、いきなり近現代史を研究することもできます。でも理数系の場合、小学校からちゃんと算数をやっておかないと、大学の数学を理解することはできません。やり直しが利かないので、地道にひとつひとつクリアしていくしかないのです。

ともあれ、たまたま間違って出会った環境に合わせることで、私は研究者として生き残ることができました。これは、どことなく生物の「進化」にも似ています。その意味で、「しょうがないね、今いるところで頑張りなさい」と言われた原田先生の言葉は、今から思えば実に象徴的なアドバイスだったといえるでしょう。

長沼メモ 理数系は、階段を一段ずつ上がるように積み重ねることで、その先の大きな命題を解くことができる学問だ。

「キリンの首は、高所の葉を食べるために進化して長くなった」というのは間違い

進化論のことを知っている人は、もしかしたら、今の話に少し違和感を抱いたかもしれません。環境に「合わせる」のではなく、環境に「合った」形質を持って生まれたものが生き残るというのが、生物の進化に関する一般的な理解だからです。

言うまでもなく、現代の生物学における進化論は、チャールズ・ダーウィンの主著『種の起源』から始まりました。その基本的な考えに、ダーウィンの時代にはなかった遺伝子に関する知見を加えた**現代の進化論のことを「ネオ・ダーウィニズム」**といいます。

ダーウィン以前にもさまざまな進化論が唱えられていましたが、それは根本的なところでダーウィンの考え方とは違いました。それは、**生物の進化に「目的」があると考えるか、進化は単なる「結果」にすぎないと考えるか**という点です。ダーウィンの進化論は、後者でした。つまりそれ以前は、進化には目的があると考えるのが主流だったのです。

その中でもとくに有名なのは、18世紀から19世紀にかけて活躍したフランスのジャン＝バティスト・ラマルクの進化論でしょう。

彼の考え方は、「用不用説」と呼ばれています。簡単にいうと、よく使う器官は次第に発達し、使わない器官は次第に衰えるということ。それ自体は私たちにもよくあることですが（たとえば寝たきりの生活が続けば足腰が弱ります）、それだけでは個体の変化にすぎません。ラマルクの進化論の特徴は、その変化が子孫に受け継がれる（つまり「獲得形質」が遺伝する）と考えたところです。

その説にしたがえば、たとえばキリンの首が長くなったのは、「祖先が高いところにある葉を食べるために首を伸ばしたから」ということになるでしょう。努力の甲斐あって少しだけ首が長くなり、その形質が子孫に遺伝する。さらに子孫が「もっと高いところの葉を食べよう」と努力して、また少し首が長くなる……ということを何百世代にもわたって続けた結果、現在のキリンになったというわけです。

「それが正解じゃないの？」と思う人もいるかもしれません。実際、多くの人が「キリンは高い木の葉を食べるために首が伸びた」と、進化を目的論的に考えています。

でも、そうやって進化を起こすには、親の獲得形質が子に遺伝しなければなりません。果たして、そんなことが起こるでしょうか。もし獲得形質が遺伝するなら、整形手術をした人の子は「整形後」の親の顔に似ることになります。

でも、ふつうはそう考えませんん。手術で二重まぶたにした親から、二重まぶたの子が生まれたら、ちょっと気持ち悪いと思いませんか？　実際、現在は遺伝子の研究が進んだことで、親の獲得形質は子に遺伝しないことがわかっています。ですから、ラマルクの「用不用説」は成り立ちません。

長沼メモ　「正解」と刷り込まれていることを疑う。

生物の進化には、目的も方向性もない

そのラマルク説と違い、ダーウィンは生物の進化に「目的」はなく、それは偶然の「結果」にすぎないと考えました。たまたま突然変異によって親と違う形質の子が生まれ、その個体が淘汰されずに生き残ることによって、進化が起こると考えたのです。

現在では、その**突然変異が遺伝子のミスコピーによって起こる**ことがわかっています。「ミス」ですから、そこに目的などありません。**いつ起こるかわからない偶然によって、**親とは少し違う形質の子が生まれるのです。親の形質は周囲の環境にうまく適応している（だからこそ親は子孫を残すまで生き残れた）のですから、突然変異を起こして親と違う形質を持った子は、当然ながら生き残りにくいでしょう。

しかし中には、たまたまその形質が環境に合っていたために、生き残って子孫を残す個体もいます。突然変異によって生じた特徴が、次の世代に受け継がれるのです。それを何

世代も重ねていくと、やがて祖先とは（サルとヒトぐらい）違う形質になるでしょう。その違いが大きくなり、もともとの祖先種とは交配できなくなった時点で、「新種」の生物として独立したと見なすわけです。

したがって、生物がまるで自ら目的や方向性を持って進化してきたように見えるのは、結果論にすぎません。**環境に合うように進化してきたのではなく、たまたま持って生まれた形質が環境に合っていたから、生き残った。**そこに**方向性を与えたのは、環境**のほうなのです。

たとえば前章では、生きるために必要な資源の少ない辺境にいる「スローライフ」な生物の話をしました。彼らは、その環境で生き延びるために遅いライフサイクルを自ら選んだわけではありません。遺伝子の突然変異の結果、たまたまゆっくり成長する、あるいはゆっくり増殖するようになった個体が生まれた。ふつうなら生存競争に敗れるところ、資源の乏しい環境においてはむしろ「超省資源ライフ」いわゆる「断捨離ライフ」で生き残ることができた。資源の少ない環境が、そういう個体を選んだのです。

その意味では、偶然そういう性質を持って生まれ、かつ、その性質が選ばれるような環境に生まれてきた彼らは「運がよかった」ということになるでしょう。生物の進化には、そういう側面があるのです。

長沼メモ　生物が生き延びるために「運」は必要。

キリンの祖先は、首が長いことを「しょうがない」と受け入れて、「今いるところで頑張った」

でも私は、運の良し悪しだけが進化の決定要因だとは思いません。突然変異を起こした個体の「努力」も、**生き残りのためには必要**ではないでしょうか。

たとえば、親よりも長い首を持って生まれてしまった突然変異体は、かなり苦労したはずです。生まれた瞬間に突如として環境が変わり、地面から草が消え、周囲が高い木ばかりになったなら、その個体は実に幸運だといえますが、そんなことはあり得ません。自分の親も含めて、身近にいる仲間たちは地面の草や低木の葉を主食にしていたでしょう。「首が長い」というハンディキャップを持つ個体にとっては、とても生きにくい環境です。そこで仲間たちと同じ生き方をしていたら、生存競争に負けて子孫を残すことができません。

そんな突然変異体が生き残れたのは、仲間たちと異なる身体的特徴を生かす方法を見つけたからでしょう。ほかの個体には届かない高い木の葉を食べることにすれば、有利／不利は一気に逆転します。

キリンの祖先に人間のような感情があったとは思いませんが、これはある種の「ポジティブ・シンキング」ではないでしょうか。仲間より首が長いことに気づいた時点で「オレはツイてない」「こんな体じゃ無理」などと諦めていたら、キリンへの進化は起こりませんでした。そのハンディキャップを自分の「特徴」だと考えて、それを生かす道を模索したからこそ、キリンはキリンになったのです。

ここで、入る学部を間違えた私に原田先生がかけた言葉を思い出してください。

「それはしょうがないね、今いるところで頑張りなさい」

そう。キリンの祖先も、自分の首が長いことを「しょうがない」と受け入れ、しかし「今いる環境で頑張った」のです。

生物学類に入ってしまった私も、いわば環境に合わない突然変異体のようなものでした。「生命とは何か」という抽象的な問題を理屈で考えたいのに、周囲は具体的な生き物が好きで、その細かい違いばかりを問題にする人だらけ。そこで自分の特徴を生かす道を探したわけではないので、キリンの祖先とはちょっと事情が違いますが、**「環境に合わせて生き方を変える努力」**をした点は似ています。

よく**「自分の生き方は自分で決めろ」**などと言いますが、**現実はなかなかそうもいきません。**キリンの祖先だって、そもそも自分で首を長くしようと思ったわけではない。ちょっとした手違いで、そんな体に生まれてしまっただけです（私もちょっとした手違いで生物学者になってしまいました）。しかも、周囲の環境に高い木がなければ、その体を生かすこともできなかったでしょう。進化とは、そういうものです。

もちろん私たちホモ・サピエンスも、偶然と環境によって現在の姿に進化しました。そう考えると、**人生、自分で決められることが少ないとしても当然**のような気もしてきます。「今いるところで頑張りなさい」という言葉が重みを持つのは、途方に暮れていた18歳の私だけではないのかもしれません。

長沼メモ　自分の生き方を自分で決められるなんて、稀なこと。不本意な状況にあるときほど、今いる場所で「ポジティブ・シンキング」を。

人生の転機が訪れるとき、いつも私は「外からの力」に身をゆだねてきた

スタートがそんな感じだったせいなのか、その後も私は、自分の生き方を自分で決めてきた気がしません。完全に自分の意思で決めたこととして思い出せるのは、ひとつだけ。それは、「宇宙飛行士になる」ということです（もちろん実現していません）。

私の生年月日は、１９６１年４月12日。これは、人類が初めて宇宙に飛んだ日です。ソ連（現在のロシア）の空軍パイロット、ユーリ・ガガーリンが、ボストーク１号に乗って地球から飛び出した。ちなみにその20年後、１９８１年の４月12日（つまり私の20歳の誕生日）には、アメリカが最初のスペースシャトルを打ち上げました。わざわざソ連がガガーリンの20周年で盛り上がっている日にぶつけたのは、「人類初の宇宙飛行」で先を越されたのがよほど悔しかったのでしょう。いや、たまたまそうなったという説もありますが。

いずれにせよ、私はその誕生日がとても気に入っています。子供の頃から、自分が宇宙に行くことを運命づけられているように感じていました。だから、宇宙飛行士になりたかった。願望を抱いていただけではありません。35歳のときには、宇宙飛行士になるための試験を受けました。本気だったのです。

しかし残念ながら、試験には落ちてしまいました。考えてみれば、自分で決めたといっ

ても、そのきっかけとなった誕生日だって偶然の産物。結局、すべてを自分の意思で決めることなんかできないのかもしれません。**そもそも私たちは、生まれる時代や国を選べない。そう考えると、みんな「今いるところで頑張る」のが基本なのではないでしょうか。**

こんなことを言うと、「おまえは辺境を飛び回って、やりたい放題に好きなことをやっているではないか」と突っ込まれそうです。でも実際のところ、自分で「是が非でもこれをやろう」と決めたことはほとんどありません。これまでいろいろな転機がありましたが、それはどれも「外圧」がきっかけでした。

卒論のテーマは自分で選びましたが、それも消去法によるもので、そんなに積極的な興味があったわけではありません。解剖が苦手なので動物はダメだし、サボテンさえ枯らしてしまうようなタイプだから植物も扱えないし、まして育てられない。そこで選んだのが、微生物です。これなら実験室でフラスコを振ったりするので、もともとやりたかった化学の世界に近いかな、と思いました。その時点では、自分が深海や極地に行くなんて想像していません。

ところが大学院生のとき、「深海底の海底火山」の調査航海に参加することになりました。やがて島になるような海底火山ではありません。人知れず深海底で噴火するだけの海底火山。それを地球物理学から地質学、化学、生物学まですべて日本人による日の丸チームをつくったという点では初の大々的な調査航海でした。実際は日仏共同でしたが。

これも、自分から手を挙げたわけではありません。たまたま指導教官のところにその話が舞い込んだのです。その先生は自分で行く気がなかったので、「生命の起源」に興味があった私に「じゃあ、キミが行きなさい」とボールを投げてきました。

私は泳げないし、それまで船に乗ったことさえありません。たしかに海底火山は「生命の起源」として有力視されていますし、大学院に入る前からチューブワームにも興味はありましたが、まさか自分がそこに行くことになるとは思ってもみませんでした。

日の丸チームが海底火山を発見したのはそれが最初です。したがって、そこから微生物をサンプリングした日本人研究者もいません。私は、海底火山の周辺から噴出する熱水を採取して、そこに含まれている微生物の数をカウントしました。明らかに、その周囲のふつうの海水より多くの微生物が含まれていました。そうやって、私は大学院生の身分でありながら、日本における海底火山微生物学（というジャンルがあるならば）の第一人者になったわけです。

長沼メモ　投げられたボールには、どんなチャンスが入っているかわからないのだから、投げられたら考えずに、とりあえずキャッチする。

望んだわけではないが、契約研究員も単身赴任制度も「第一号」

その海底火山を見つけた双胴の調査船「かいよう」は、海洋研究開発機構（JAMSTEC《ジャムステック》、当時は海洋科学技術センター）の船です。そのプロジェクトで業績を残した私は、そのまま試験を受けてJAMSTECに採用されました。配属されたのは、深海研究部。しかし、深海生物の研究だけをすればいいわけではありません。その研究部のほかにも、企画部と総務部を兼務させられて、予算を取ってくる仕事などもやることになりました。

そうこうしているうちに、JAMSTECが組織を拡大することになり、人事制度も大きく変わります。まず、ポスドク（博士研究員）を広く受け入れるために、契約研究員に関する規定作りに関わることになりました。いざ規定ができてみると、その第一号になったのが、なぜか私です。正職員として入ったのに、〝環境の変化〟によって、不安定な身分になってしまいました。

さらに、単身赴任についての規定作りにも関わらされ、イヤな予感がしたら、やはりそのとおり、その第一号も私。その規定を使って派遣された先が、埼玉県和光市の理化学研究所でした。理研で1年間、いろいろな経験ができたのはありがたいことでしたが、たまたま大きな変化のある時期に入ったために、その流れにあれこれと翻弄されたわけです。Jとはいえ私自身に、どこで何をやりたいのかという明確な目標はありませんでした。ＪＡＭＳＴＥＣでは、上から言われた仕事をこなしていました。たとえば大きな予算が必要になれば、それを取れるだけの研究テーマを考える。研究所にＲＩ（放射性同位元素）を扱う施設を作るときには、「ＲＩ取扱主任がいないとダメだ」と言われ、勉強してそのための資格も取得しました。

その後、アメリカに留学させてもらったのは、そんな働きに対するご褒美のようなものです。**「外圧」に抗《あらが》わず素直に仕事をしていたら、**そういう話になった。でも、どうしてもアメリカで研究したいテーマがあったわけでもありません。行き先はカリフォルニア大学のサンタバーバラ校（ＵＣＳＢ）だったのですが、あそこは風光明媚で温暖な気候、しかもアメリカの中では抜群に治安がいい。だから「これはいいな」と思っただけです。まず「サンタバーバラに住む」という結論が先にあって、研究テーマは後付けで探しました。

それで始めたのが、海藻のバイオテクノロジー。深海生物とは何の関係もないのですから、われながら節操がないと思います。たまたま知り合ったUCSBのマリンバイオテクノロジー・センターの教授がその専門家だったので、彼の指示にしたがって、寒天のもとになるテングサという海藻のバイオテクノロジーに取り組みました。

長沼メモ　与えられた環境に疑問を持たず、ただ適応すると、得られるものがある。

「外圧」を利用して、うまく立ち回ることもできる

その研究自体はうまくいったのですが、やがてまた環境が激変します。ある日突然、教授が「オレは来月で大学を辞める」と言い出したのです。たしかに〝肩叩き〟をされる高齢で、「今辞めると退職金がたくさんもらえる」という話だったのですが、あまりに急なことだったので、研究室はパニック状態。「私の博士研究はどうなるんですか……」と頭を抱える大学院生もいました。

私自身は院生ほど困りませんでしたが、次にどうするかを考えなければいけません。気分転換に何となくブラブラしていると、マリンバイオテクノロジー・センターの所長が

「オレのところに来るか？」と声をかけてくれました。二つ返事で「行きます、行きます」と答えて、同じ建物内の新天地へ。そこで仰せつかった研究は、アワビのバイオテクノロジーでした。相変わらず、深海生物とは無関係です。なにしろこれは、フラスコの中で筋肉細胞を培養して、アワビの肉を安く作ろうという実用的な研究。「生命の起源」という高尚な（？）テーマからはかなり遠く離れています。

「おまえ、なんでそんな研究してるんだ？」

ＪＡＭＳＴＥＣの理事にもそう聞かれて困りましたが、「まあ、なにしろ向こうの所長から直々に頼まれたことですから」とか何とか答えて、アワビ研究にいそしみました。

そちらもフラスコ内にアワビの筋肉細胞ができる段階まで成功しましたが、アメリカ留学は2年が限度。テングサ1年、アワビ1年で留学生活を終えた私は、日本に戻りました。そこで声をかけてくれたのが、広島大学です。

実は当時、プライベートな事情で環境を変えたかったこともあり、これは私にとって渡りに舟のような話でした。自分から逃げ出すわけにもいかないけれど、そのときの環境から離れたほうがいろいろと丸く収まる——詳しいことはともかく、そんな立場だったのです（念のため申し上げると、別に女性関係で何かあったわけじゃありません）。そんな状況でもらった広島大学からのオファーは、絶好の「口実」になりました。

「相手に請われて行くんだから、しょうがないでしょう」——**人は「外圧」に翻弄されることもあれば、それを利用してうまく立ち回ることもある**わけです。

いずれにしろ、人間も生き物である以上、環境の変化には抗えません。極地や砂漠などの辺境に行くと、自然環境の存在感にはやはり圧倒的なものがあります。地震や火山の噴火などの天災が起きると、よく「自然にはかなわない」と言いますが、ごく当たり前の日常であっても、生き物は自然環境の支配下にある。その中で自己決定できることは、そんなに多くありません。せいぜいキリンの祖先のように、与えられた環境の中で「自分はどうすれば生き残れるか」を選ぶことができる程度のこと。高い木がなければ、長い首という特徴を生かすこともできないのです。

長沼メモ 自然環境は圧倒的で絶対的。環境に「抗わない」という選択を、私は自然界から学んだ。

そもそも「世界」にはかなわない

さらに人間の場合、**生き方を左右する環境は「自然」だけではありません。それに加え**

て、**「ヒューマン・ファクター」が環境を形作っています。**

たとえば潜水船で深海調査を行う場合、天候によって予定を変更せざるを得ないことは珍しくありません。潜水船は利用希望者が多く、しかし数は少ないので、かなり高い競争率をくぐり抜けた上に、何年も待ってようやく自分の番が回ってきます。ところが、やっとその日が来たと思ったら、台風のためにNGになったりする。ものすごくガッカリしますが、「自然にはかなわない」と受け入れるしかありません。

しかし、天候はまったく問題がないのに、突然、順番を後回しにされることもあります。すでに何年も順番が来るのを待っていて、ふつうに考えれば自分がいちばん優先順位が高いはずなのに、潜らせてもらえない。すぐにその潜水船を使わなければならない、緊急性の高い業務が発生することがあるのです。

たとえばロケットの事故が起きて、海に落ちたエンジンを探しに行くこともあるでしょう。あるいは、どこかの国で起きた戦争の影響で予定を変更することもあるかもしれません。自分にとっては貴重なチャンスだから納得はいきませんが、誰に文句を言っていいかもわからず、ただただ茫然としてしまいます。

そういう**「理不尽だけど受け入れざるを得ないこと」は、誰にでもある**でしょう。進めていた仕事に突然ストップがかかり、腹立たしくて仕方がないのだけれど、誰に聞いても明確な理由がわからない――といったことも、組織で仕事をしている人にとっては日常茶飯事かもしれません。そういうとき、私はこんなふうに考えます。

「世界にはかなわない」

ここで言う**「世界」とは、詰まるところ「自分以外のもの」**だと思えばいいでしょう。自分で何かを決めても、自然やヒューマン・ファクターなど、それを妨げる要因はたくさんあります。人間にとっては、そんな意のままにならない「世界」のほうが、「自分」よりも圧倒的に大きい。それを頭の片隅にでも入れておかないと、**人間はつい自分中心に世界が回っているかのような錯覚を起こしてしまう**のです。

これは、別に「上から目線」でお説教をしているわけではありません。自分自身に対する戒めも含めて言っています。私のような気の短い人間は、思いどおりにならないことがあると、おかしなところに八つ当たりして、無用のトラブルを招きやすい。そういうときこそ、「世界にはかなわない」という呪文を唱えて、自分を取り巻く環境の変化を素直に受け入れたいものです。

それに、「世界」はいつも私たちの行く手を阻むわけではありません。**同じ風でも、逆**

風になることもあれば、追い風になることもある。それこそ私が広島大学に呼ばれたときのように、自分は何も能動的に動いていないのに、環境のほうが勝手に都合のいい方向に変化してくれることもあるわけです。

だから、何か思うに任せないことがあっても、今は風向きや星のめぐり合わせが悪いだけだと思えばいい。どうせ「世界」にはかなわないのだから、ジタバタしても仕方がありません。

不遇な人が活躍のチャンスを待つことを雌伏《しふく》といいますが、「その日」に備えて頑張りすぎると、疲れてストレスが溜まるばかりです。実際、辺境で大自然を相手に仕事をしていると、タイミングが悪いときは頑張りようがない。遅かれ早かれ、**いつかよい方向に変わると思って、気楽に雌伏していればいい**のです。

長沼メモ

不遇なときは、好転を信じて、気楽に静かに待つ。タイミングが悪いときは、頑張りようもないのだ。

海底火山調査に忘れ物をして冷や汗……、そんなときも無駄にしない

ところで人間の場合、自分のミスによって風向きや星のめぐり合わせが変わってしまうこともあるでしょう。でも、ときにはそれが**別のチャンスを生むこともあります。**

たとえば、こんなことがありました。潜水船「しんかい6500」に乗り込んで、大西洋中央海嶺という海底火山でサンプリングを行ったときのことです。当然、これも長く順番待ちをして、やっと回ってきたチャンスでした。水深3600～3700メートルに潜って微生物を採取し、それをすぐに船上で培養する仕事です。

ところが私は、あり得ない忘れ物をしてしまいました。イオウです。そのとき研究のターゲットにしていたのは、海底火山のイオウをエサにしているバクテリアでした。ですから、イオウがなければサンプリングした微生物を培養することができません。エサを忘れて釣りに行ったような話ですが、釣りならまた次の週末に出直すこともできるでしょう。しかし、その海底火山に行くチャンスは一回こっきりです。

「オレは一体、こんなところまで何をしに来たんだ……」

自分の失態に気づいたときは、しばし茫然としました。その調査に行くためにかなり無理な日程調整をしていますし、各方面に迷惑もかけています。どう考えても、手ぶらで帰るわけにはいきません。

全力で脳みそを振り絞った私は、予定とは別のアイデアを思いつきました。イオウではなく、「塩分変動」とバクテリアの関係を調べようと考えたのです。

海底火山の熱水噴出孔では、圧力や温度が高いため、水が通常のようには沸騰しません。ある圧力と温度を超えると、「超臨界水」というものになります。これはふつうの水と性質が異なり、ある意味で油っぽい振る舞い方をします。そのため、ふつうの水のように物を溶かしません。海水には多くの塩分が含まれていますが、超臨界水になるとそれが失われます。そして、その塩分は超臨界水より圧力や温度の低い海水（亜臨界水）に吸収される。つまり、そこでは塩分を含まない〝甘い水〟と高塩分の〝超塩からい水〟が共存するわけです。

そこに生息する生物は、どちらかを選ぶことはできません。あるときは真水のような超臨界水が冷《さ》めた水、あるときは異様にしょっぱい海水……という具合に、激しい塩分変動にさらされることになります。これは、微生物にとってきわめて過酷な環境です。

果たして、そんな環境で生きられるバクテリアがいるのかどうか。そこで私は、海底火山周辺から採取した熱水にバクテリアの（硫黄ではない）エサを入れ、そこに船のキッチンからもらってきた塩を大量に投入しました。超臨界水の周囲にある「塩分濃度の高い海水」を再現したわけです。1週間ほど待つと、そのフラスコは白く濁りました。海底火山に生息するバクテリアが、増殖したのです。

しかし問題は、そのバクテリアが塩分変動に耐えられるかどうか。次に私は、栄養分だけ入れた真水を用意して、バクテリアの一部をそちらに移しました。すると、やはりバクテリアは増殖します。その後も、飽和食塩水と真水のあいだを行ったり来たりさせましたが、このバクテリアは激しい塩分変動に耐えて、増殖をくり返しました。

これは、大きな発見です。当初は「イオウで生きるバクテリアがいるかどうか」を調べるつもりだったのですが、激しい塩分変動に耐えるバクテリアも、別の意味で海底の熱水噴出孔に適応した生物といえるでしょう。

長沼メモ

- 「失敗」を気に病むくらいなら、「別のチャンス」を探す。すると思わぬ報酬が手に入る。
- 人が考える「過酷な環境」でも、悠々と増殖し続ける生命体がいる。

南極、北極、そしてサハラ砂漠の共通点は「塩」!?

この話には、まだ続きがあります。そのバクテリアを遺伝子データベースで調べてみたところ、ハロモナスというグループに属することがわかりました。発見したものと似た遺伝子を持つハロモナスの仲間にも、いろいろあります。

では、もっとも高いパーセンテージで遺伝子が一致する仲間はどこにいるのか。意外なことに、その出生地は南極でした。

南極大陸というと気温がとても低いイメージが強いでしょう。しかし**南極はただ寒いだけでなく、「乾燥した大陸」でもあります**。あんなに氷があるのだから湿度も高そうな気がするでしょうが、そんなことはありません。海水をかぶってもすぐに蒸発してしまいます。すると、どうなるか。そう、塩分が残ります。だから**南極の海岸線の土地は〝塩漬け〟と言っていいほど、高塩分**なのです。

ただし、その状態が一年中続くわけではありません。南極にも「夏」はあり、その時期は雪や氷が融けるので、そこにいる微生物は真水にさらされます。海底の熱水噴出孔と同様、塩分変動の激しい環境なので、遺伝子的に近いバクテリアがいても不思議ではありません。

そんなわけで、これが私にとって最初の南極行きのきっかけになりました。深海調査でイオウを忘れ、船のキッチンの食塩で急場をしのいだ結果、こんどは極地へ向かうことになったのです。例によって「めんどくさっ」と思いましたが、話はトントン拍子に進みました。当時は東京の板橋区にあった（現在は立川市にある）国立極地研究所に協力のお願いをしにうかがったところ、担当の教授がちょうどイタリア隊の人と電話をしており、その場で「どうも1名欠員が出たみたいなんだけど、キミが長沼クン？ 南極に行く？」と聞かれて即決です。「星のめぐり合わせ」を思わずにいられません。

さらに南極から戻ってすぐ、今度は北極海の海底火山調査の話が舞い込みました。これも「行く？」と聞かれて、その場で即決。1年のうちに、南極と北極の両方に行くことになったのです。

そして両方の極地で、塩分変動に耐えるハロモナスの仲間を見つけました。こうなると、次の疑問が浮かびます。**深海底にも極地にもいるとなると、塩分変動に強い生き物は意外に広く分布している可能性がある。**そこで考えたのは、「塩気」と「乾燥」は表裏一体だということでした。南極もそうであるように、**乾燥した場所は塩分が多い。**逆に、塩分が多いところは乾燥しやすい。たとえばナメクジに塩をかけると縮むのは、塩分によって体から水分が抜けてしまうからです。

ならば、砂漠地帯にある塩湖にも似たような遺伝子を持つバクテリアがいるのではないだろうか……と思っていたところに、「サハラ砂漠の近くで研究集会があるけど、行かない？」という話が持ち込まれるのですから、まったくもって風向きというのは侮れません。

この件に関しては、追い風が吹きまくりだったのです。

世界最大の砂漠《すな》であるサハラ砂漠。その最大の塩湖は、面積がなんと7000平方キロメートル。関東地方には、そんなに広い県はありません。広島県が8500平方キロメートルといえば、その広さがイメージできるでしょうか。一面真っ白の大地は、実に感動的な光景でした。

長沼メモ

- 追い風が吹いていると感じたら、自分の希望はさておき、悩まずにその風に乗る。
- そもそも、滅多に行けない場所へ行く機会があるなら、飛びつくに限る。

風向きや星のめぐり合わせ次第では、ミスも「進化」のきっかけになる

そこでもハロモナスの仲間を見つけることができたのですが、ここでの収穫はそれだけ

ではありません。「ハロバチルス」というバクテリアも見つけて、これも遺伝子データベースで近いものを探しました。すると、99・6％も一致するものがあります。そのバクテリアは、北アメリカの地下500〜600メートルにある岩塩から採取されたものでした。

それだけなら大した驚きはないのですが、実はその岩塩、2億5000万年前に固まったものだとされています。つまり、そのバクテリアは2億5000万年前の生物だということ。その蘇生に成功したという論文はかなり話題になりましたし、私も『ネイチャー』で読んだことがありました。本当なら、すごいことです。

しかし論文発表当時から、この研究は懐疑的に見られていました。コンタミ（contamination＝雑菌汚染）の可能性が捨てきれないからです。

微生物の研究には、常にその問題がつきまといます。たとえば私が「ハロモナスの仲間が南極にも北極にもサハラ砂漠の塩湖にもいた」という論文を発表すれば、まず聞かれるのは「それはどれも、おまえがそこに連れて行ったんじゃないのか？」という疑問。目に見えない微生物はどこに付着しているかわからないので、研究者自身が知らぬ間に自分で持ち込んで、それを採取して帰ってきたのかもしれないわけです。したがって研究者は、論文の中でコンタミの可能性を念入りに排除しなければいけません。

2億5000万年前の微生物を蘇生させたとなれば、その疑念が余計に深まるのは当然でしょう。しかし、それはともかくとして、遺伝子の一致するバクテリアを見つけてしまった以上、両方を比較しなければなりません。そのため私は、ハロバチルスを持ってこんどはアメリカに行き、地下の岩塩から採取されたバクテリアと交換しました。

その研究についてはまだ結論が出ていませんが、これも、元をただせば海底火山調査にイオウを忘れたのがきっかけ。あのとき予定を変更して「塩」に関わらなければ、南極にも北極にもサハラ砂漠にも行っていないかもしれないし、2億5000万年前の岩塩について考えることもなかったでしょう。ひどいミスでしたが、結果的にはいろいろ面白いことになったわけです。

これは「世界」ではなく自分でやったことですが、ミスですから「自分で決めたこと」ではありません。いわば、自分で自分に「外圧」をかけたようなもの。さっきは「自分以外」のことを「世界」と呼びましたが、**ある意味では、自分自身が「思うに任せない世界の一部」にもなる**ということでしょう。私の場合、大学の学部を間違えたところからそれが始まっています。

いずれにしても、私たちはそんな「世界」を引き受けて生きていくしかありません。そして、**たとえ失敗から始まったことでも、風向きや星のめぐり合わせ次第では、自分の仕事を「進化」させることもできる**のです。

長沼メモ

「ミス」は、今の自分にとっての失敗であり、大局で見たらミスではないかもしれない。ひどいミスこそ「面白いこと」に変えられる可能性がある。

第三章　生物にも人生にも「勝ちモデル」はない

40代前半は人生のターニングポイント

「世界」にはかなわないのだから、不遇でもジタバタしないで風向きが変わるのを待つ――前章では、そんな話をしました。なんだか偉そうに人生訓を垂れているように聞こえたかもしれませんが、これは私が自分自身に言い聞かせていることでもあります。

実際、私にも、いろいろなことが思うようにならずにジタバタと苦しんだ時期がありました。42歳の頃です。ちょうど、男の厄年とされる年代。人生の折り返し地点でもありますから、このあたりで転機を迎える人は多いかもしれません。

私の場合、その時期に、周囲の人々との軋轢《あつれき》が生じてしまいました。思いどおりにならないことを「世界にはかなわない」と受け入れるどころか、「なぜオレの言ってることがわからないんだ！」という不満を募らせ、強い調子で自己主張をくり返していたのです。そのために孤立した私は、心労が重なり、うつ状態になってしまいました。

今から振り返れば、人間関係がうまくいかなくなった原因に、思い当たるふしがあります。あの頃の私は、自分のミスや間違いを決して認めようとしませんでした。たとえば研究費の申請が書類審査で「現実的ではない」と却下されれば、それまでの自分の研究であまりよい結果が出ていないことを棚に上げて、「あいつらはわかってない」と腹を立てる。痛いところを突かれた批判に対しても、かなり攻撃的に反論しました。

そんなふうになってしまったのは、自分の能力や仕事の成果を「認められたい」という焦りがあったからだと思います。これは、私だけでなく、40歳前後の年代にはよくあることではないでしょうか。

たとえば会社で出世をしようと思ったら、周囲からの評価を高めないといけません。でも、自分のミスや間違い、あるいは能力不足を認めてしまうと、評価が下がってしまう。だから、**うまくいかないことは「他人のせい」にしたくなる**わけです。

ここで問題なのは、仕事のやり甲斐や生き甲斐などの価値を「他人」に依存してしまうことでしょう。そこには2つの意味があります。ひとつは、自分自身の達成感や手応えは脇に置いて、他人に認められることを最優先にしてしまうこと。もうひとつは、競争の中で他人（ライバル）を追い落とせば「勝ち」と考えることです。

でも、他人は（当たり前ですが）自分ではないので、自分の思うとおりにこちらを評価してくれるとはかぎりません。そういう「**自分以外の世界**」**を無理やり思いどおりに動かそうとすれば、無理が生じて苦しくなるのは当たり前でしょう。**

また、**他人を蹴落として「勝つ」ことだけにこだわるのは、きわめて成功確率の低い生き方**です。たとえば甲子園の高校野球でもサッカーのワールドカップでも、勝ち抜き戦で最終的に勝利者となるのは、たったひとつのチームだけ。会社の出世競争でも、もし社長になることをゴールとするなら、同期の中で勝利者となるのはせいぜい一人です。実際には、同期入社組から必ず社長が出るとはかぎらないので、勝つのは0・3人ぐらいかもしれません。いずれにしろ、そこを目的としているかぎり、どんなに頑張っても大半の人は「敗者」になってしまうわけです。

思い出してください。前にも書いたように、辺境生物は「勝負」をしないことで生き残っています。自分の半径数メートルの狭い視野で考えるのをやめて、広い視野を持てば、戦ってぶつかることが「ムダだな」と思えるようになるのではないでしょうか。

長沼メモ　「他人の存在」を前提に、仕事のやり甲斐、生き甲斐を考えると、ネガティブになる。

人生に「負けモデル」はあっても「勝ちモデル」はない

でもスポーツの場合、優勝しなくても、満足感や達成感を得て大会を終えるチームはいくらでもあります。「初出場」「初勝利」「グループリーグ突破」「ベスト8進出」など、途中で敗退しても「成功」といえる結果はあるのです。

出世もそれと同じでしょう。社長まで登り詰めなくても、それなりの企業でそれなりの地位を手に入れて、端から見れば「勝ち組」だと思える人はたくさんいます。ところが、**達成感を他人に依存していると、一人でも自分を追い越していったライバルがいれば「負けた」と感じてしまう。**下を見れば何百人も部下がいるのに、上を見て敗北感を味わうことになるのです。

もちろん、そういう人間の競争心や向上心がこの社会を発展させる原動力のひとつであることはたしかでしょう。サイエンスの世界も、研究者同士の競争があるからこそ、これまで多くの発見が成し遂げられてきました。

ですから、他人との競争自体を否定するつもりはありません。でも、そこで他人に負けたからといって、それによって苦しむのはつまらない。**自分の人生の価値が、他人によって左右されるのは、ひどくもったいない**ことに思えます。

そもそも、「他人との競争に勝つ」ことと「人生に勝つ」ことは同じではありません。それ以前に、「人生に勝つ」ことが何を意味しているのかよくわからない。

――みんな最後は死ぬわけですが、その人生がどうなったら「勝った」ことになるのでしょうか？――

この問いに対して明確に答えられる人は、たぶんいないと思います。

たとえば、他人との競争に勝利を収め、何かの分野で自他共に「トップ」と認められた人は、端から見れば「人生の勝者」のように思えるでしょう。しかし、本人が（競争にではなく）人生で勝利を収めたという実感を得ているとはかぎりません。

つまり、**人生には「勝ちモデル」がないのです。あるのは「負けモデル」だけ。**自分が求めていた地位に到達できなかった、裕福になれなかった、結婚できない、子宝に恵まれない、才能がない……などなど、もしかしたら「負けモデル」は人の数だけあるかもしれません。みんな、実は「どうなれば人生に勝ったことになるのか」がわかっていないのに、なぜか敗北感だけは味わうわけです。

こんなに空しいことはありません。もし「人生の勝利」が幻想にすぎないのだとしたら、それを求めて生きた人は全員が敗者になってしまいます。誰も勝っていないのに、みんながそれぞれ「自分が負けた」と思い込む。そこが、「他人との競争」と「人生の勝敗」の違いなのかもしれません。

辺境生物には、我々のような感情はありませんから単純には比較できるものでもありませんが、「厄介な他者」とでなく「自分の置かれた環境」と戦うこと、すなわち「自分との戦い」において生きているのを見ると、心がすっと冷静になるのです。

長沼メモ
「他人との競争」で、「人生の勝敗」は決まらない。

生存競争に勝つために必要な〝ナルホド納得〟のこと

生物の進化にも、似たような面があります。

自然淘汰されずに生き残るには、競争に勝たなければいけません。ここは勘違いされやすいのですが、ダーウィン進化論の場合、そこでくり広げられるのは「ほかの生物種」との生存競争ではなく、基本的には同じ種の中での「個体間競争」です。

たとえば、突然変異で親よりも少し長い首を持って生まれたキリンの祖先は、その時点ではまだ「キリン」ではありません。生物種としては、親と同じです。ここでは仮に、その種を（50音順で「キ」の前は「カ」なので）「カリン」と呼んでおきましょう。

首の長い変異体は、カリンとしては「奇形」なので、親や同種の仲間と同じ環境で同じような生き方をしたのでは、生存競争に勝てません。実際、どんな生物であれ、ほとんどの変異体は子孫を残すことができず、したがって、何世代もかけて新種として枝分かれすることもないのです。

しかし、**たまたま環境が変わったり、別の生き方を見つけたりできれば、変異体にも「勝機」が訪れます。**ふつうのカリンには届かない木の葉を食べれば、首の長い変異体でも生き残れるでしょう。

また、**子孫を残せるかどうかを左右するのは、環境への適応度だけではありません。**細胞分裂で自己増殖するバクテリアのような生き物ならそれだけでいいのですが、オスとメスの交配によって増殖する生物の場合、環境に選ばれるだけでなく、「異性」にも選ばれる個体でなければ子孫を残せない。これを、自然淘汰に対して「性淘汰」といいます。わかりやすく簡単に言ってしまえば、**「モテない個体は進化できない」**わけです。

ですからカリンの変異体も、もしかしたら、ほかの仲間より首が長いことで「モテた」のかもしれません。そう考えると、進化の原動力が「種間競争」ではなく「個体間競争」であることが、実感として理解しやすいのではないでしょうか。

ともあれ、首の長いカリンの変異体は、自然淘汰も性淘汰もうまく切り抜けて子孫を残しました。そういう形質の個体が増えれば、首の長い同士のカップルも出てきますから、その系統の個体は代を重ねるごとに首が長くなるでしょう。やがて、もともとのカリンとは似ても似つかぬ形質になり、交配もできなくなった時点で、それは「カリンの変異体」ではなく「キリン」という新種になるのです。こうして競争をくぐり抜けて生き残ることは、ある意味で「勝利」といえるでしょう。

長沼メモ
異種との競争ではなく、同種内の個体との競争が、進化の原動力となる。その競争の勝敗を左右する基準は「モテる」か否か!?

私たち人類は、進化における「ベスト・オブ・ベスト」の結果ではない

でも、それはあくまでも「個体」にとっての勝利です。キリンという「種」が、祖先種のカリンに勝ったわけではありません。カリンはカリンでそのまま子孫を残し続ける可能性もあります。そこから、また別の新種、たとえばカリン、キリンに倣《なら》って〝クリン〟が枝分かれすることもあるでしょう。種間レベルでは基本的に生存競争はなく、したがって、そこには「勝ち負け」がないのです。

もし生物種同士が激しい生存競争をくり広げるなら、それこそスポーツの勝ち抜き戦のように、種の数は徐々に減ってゆき、最終的には「ベスト・オブ・ベスト」の生物種だけが地球上に生き残ることになるでしょう。もちろん、エサになる生物がいないといけないので、たった一種だけ生き残ることはあり得ません。しかし種と種の競争は、「ベスト・オブ・ベスト」を目指す方向になるはずです。

それはちょうど、ドイツの生物学者エルンスト・ヘッケルが、ダーウィンの考えに基づいて描いた「進化の系統樹」を逆さまにしたようなものになるでしょう。下から上に向かって生物種が枝分かれしていく様子を描いたものですが、この上下を逆にすれば、まさにスポーツ大会のトーナメント表のようになります。1回戦、2回戦……準決勝、決勝と試合を重ねるごとに、参加者が減っていく。「ベスト・オブ・ベスト」を決める競争とは、そういうものです。

ところが実際には、この系統樹が示すように、生物種はときを経るごとに増えてきました。**進化に目的はなく、偶然の突然変異が新種誕生のきっかけになるのですから、あるひとつの方向に単純化するわけがありません。**最初の生命がどのように生まれたのかはわかりませんが、いったんそれが生まれれば、あとは自然と複雑化していくのです。

エルンスト・ヘッケルの進化の系統樹(1879)

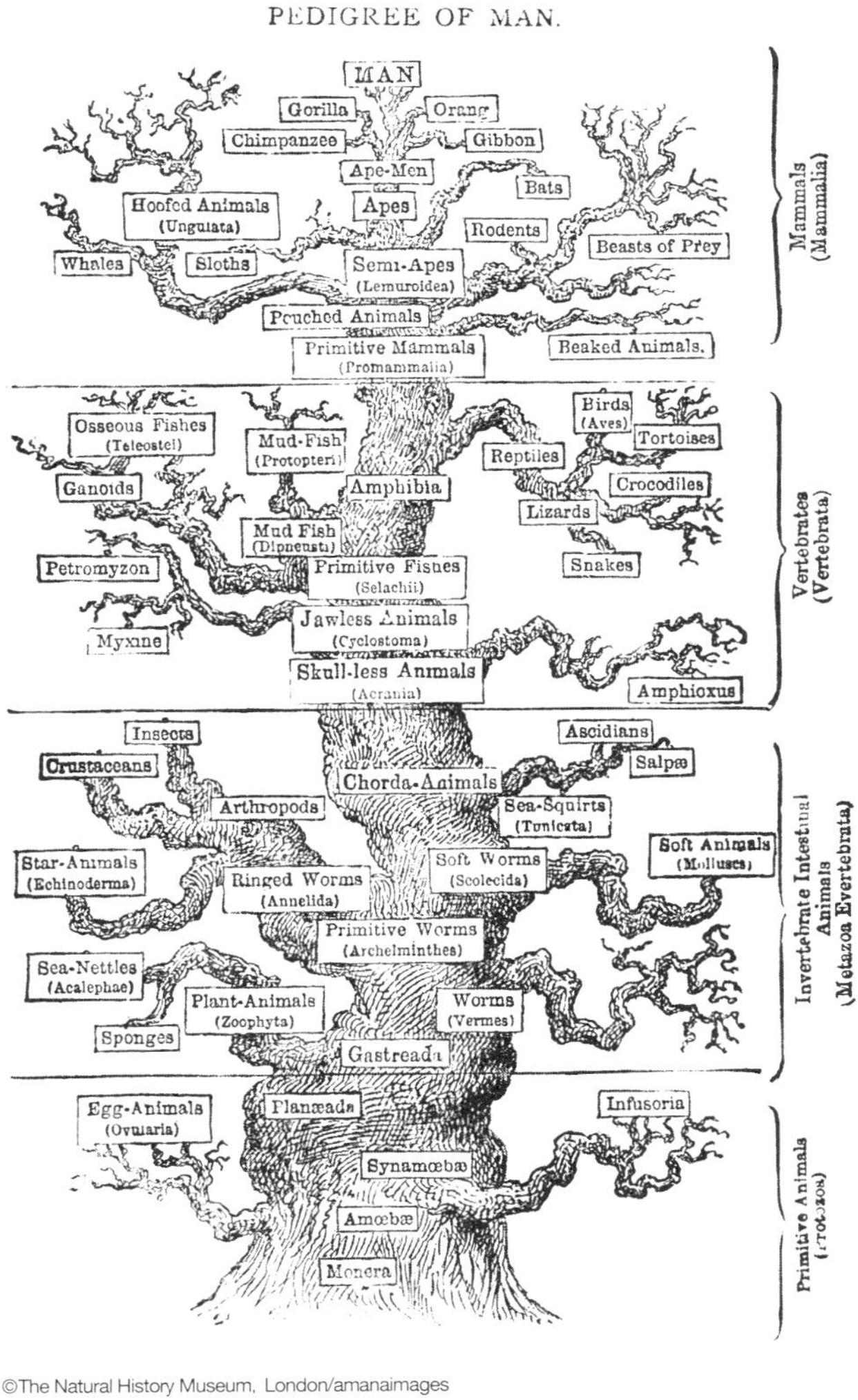

ダーウィン以前は、神様のような「デザイナー」が特定の意図を持って生物を形作ったという考え方が主流でした。21世紀の現在でも、そう考える人はいます。その考えにしたがえば、私たちホモ・サピエンスが「ベスト・オブ・ベスト」の生き物であり、進化における「勝者」ということになるのかもしれません。

でも、そうではない。少なくとも生物学における主流はダーウィニズムであり、その考えにしたがえば、**私たち人類も複雑に多様化した「枝」のひとつ**です。

しかも現在、進化の系統樹はダーウィンやヘッケルの時代よりも複雑になってきました。遺伝子の変動要因が、ミスコピーによる突然変異だけではないことがわかってきたからです。たとえば、ウイルスが種と種の壁を越えて遺伝子を運搬し、変異を生じさせてしまう。こうなると、「枝分かれ」というイメージだけでは進化を表現できません。遠く離れた枝と枝が合体して一本になったりするのです。

ヒトの進化も例外ではありません。ヒトゲノムの塩基配列をすべて解析する「ヒトゲノム計画」は2003年に完了しましたが、その後で判明したことの中でもっとも衝撃的だったのは、ヒトゲノムの半分ぐらいがウイルス由来だったこと。これについてはのちほどまたお話ししますが、私たちの遺伝子はそれまで想像していた以上に複雑なプロセスを経て進化してきたのです。

長沼メモ　「ベスト・オブ・ベスト」の一種だけが生き残るわけではない。もしそうなったら、逆に滅んでしまう。

辺境生物は「足るを知る」生き方をしている

いずれにしろ、生物進化の歴史は「多様化」の歴史といっていいでしょう。激しい生存競争は同種の個体間のものであって、種のレベルでは「勝ち」も「負け」もありません。**進化は「地球の環境にどの生物種がもっとも適しているか」——という戦いではない**のです。その環境そのものがモザイクのように入り組んでいるので、それに適合する形質も、ひとつの方向には収斂《しゅうれん》しない。それこそ第一章（35ページ以降）で紹介した「スローな深海生物」のような生き物であっても、自分の特徴に合う環境さえあれば、誰とも競合せず「引き分け」のような状態でジワジワと生き延びることができます。

ここで話を戻すと、私たちの人生もまた、そんなものだと考えることができるのではないでしょうか。それぞれの仕事では「個体間競争」をくり広げて勝ったり負けたりしますが、人生そのものは他人と比較して優劣をつけられるようなものではない。自然環境がモザイク状であるのと同じように、**人間の価値観にも多様性があり、「この生き方がベスト」という一方向には収斂しません。だから、人生には「勝ちモデル」がない**のです。

ならば、意味のよくわからない敗北感に打ちひしがれるのはバカバカしい。生物進化と同様、そもそも人生に勝ち負けなどないのだと考えたほうがいいでしょう。**深海、極地、砂漠など、辺境生物がさまざまな環境に適応して生きているのと同じく、私たちもそれぞれ自分の周囲にある「世界」に適応すればいい**のです。

たとえば、海底火山の熱水噴出孔で暮らすチューブワームが感情を持っていたとしたら、「あー。もっとふつうのエサのある場所で暮らしたい」などと、自分の境遇に不満を抱くでしょうか。南極や北極にいるハロモナスたちは、「なんでオレたちはこんな寒いところで過ごさなきゃいけないんだよ」などと愚痴をこぼすでしょうか。そんなことはないでしょう。**彼らは、ほかの種と自分を比べて羨んだり妬《ねた》んだりすることはありません。**それぞれ、自分に与えられた環境をそのまま受け入れて、着実な生活を営んでいます。

そこに、勝利感や達成感はないかもしれない。でも、もしチューブワームやハロモナスに感情があるなら、幸福感や満足感は味わっているのではないでしょうか。

これは、いわゆる**「知足《ちそく》」の生き方**だと思います。
分《ぶん》をわきまえて、足るを知る――人間の欲を戒める老子の言葉ですが、私はこの言葉が好きです。今の状態に満足していれば、他人との勝敗は気にならないので、苦しむこともありません。人生相談や自己啓発セミナーなどでも、よく「今の状態に満足しなさい」という言い方をするので、いささか手垢のついた表現ではあるけれど、これは生き方の根本に置いてよいものだと私は思います。

長沼メモ
極限の環境でも、ジワジワと生き延びている生物は、幸福感や満足感がある。なぜなら、自らを他種と比べて妬むことはなく、今ある境遇としっかり向き合って生きているから。

なぜ、好きな仕事で苦しまなければいけないのか?

もちろん、やることなすことすべて「知足」でよいというわけではありません。スポーツや勉強など、スキルを伸ばす場面では、「自分はこれぐらいだから」と満足しては困ります。より高いレベルを目指すことをやめたら、その人の成長が止まるだけでなく、社会そのものも発展しないでしょう。

でも、それ以外の場面は「知足」でいい。そう考えたほうが救われるときは、無理をして「勝ち」に行かず、この言葉に頼ればいいのだと思います。

心身ともに元気でイケイケなときは、「知足」なんか鼻で笑っていてもいいかもしれません。でも、ちょっと行き詰まりを感じて疲れてきたら、勝ち負けの競争から距離を置いて「知足」を選ぶ。**いったん競争から降りるだけなのですから、それは敗北ではありません。**人生におけるさまざまな選択のひとつです。

そして、しばらく「知足」で休んだら、また競争の世界に戻ってもいい。もちろん、そのまま「知足」を続けてもかまわない。私自身、仕事上の焦りから苦しんだ40代は、そんなふうに考えて日々を過ごしました。

あのとき、私が考え方を変えられたのは、「どうして自分は好きでやっているはずの仕事で苦しんでいるんだ？　これは何かおかしいだろう」と気づいたからです。

当時の私は、研究成果を挙げて「認められたい」と焦っていました。そのためにいろいろなプレッシャーを感じていましたが、とくに苦しかったのは「論文プレッシャー」です。これは研究者なら誰でも経験するでしょう。寝床に入る瞬間まで論文のことを考え、朝に目が覚めるやいなやまた論文のことで頭がいっぱいになる。本来、論文の執筆は科学者にとって楽しいことのはずなのに、朝から晩までそのプレッシャーで苦しむのです。

そこに矛盾を感じた私は、「もう一度、サイエンスを好きになろう」と考えました。好きな科学で自分を苦しめているのが論文プレッシャーなのであれば、無理に論文なんか書かなくてもいい。それが実力なんだから、書けなくても仕方がありません。それまでの私は、好きなサイエンスを追究することではなく、背伸びをして論文を量産することで、周囲に認められることを求めていました。

「長沼さん、最近、論文が少ないよね」

そんなふうに言われることを怖がっていたのです。

でも、それで好きなサイエンスが苦しいものになるぐらいなら、もう、周囲に評価されなくてもかまわない。好きな研究を好きにやらせてもらえる幸福だけを味わって生きればいいじゃないか——開き直りみたいなものですが、そうやって「知足」の心境になることで、ずいぶん気持ちが楽になりました。

長沼メモ 今が苦しくなったら、まず休む。そして、自分は何を好きだったのか、何をやりたかったのかを振り返る。

立派な人生を送りたいなら、「誰かに勝つ」より、「ちゃんと生きる」こと

ちょうどその頃、たまたま書店をブラブラしたときに出会ったのが、宮城谷昌光さんの『楽毅《がっき》』（新潮文庫）という小説です。中国戦国時代の武将を描いた歴史小説ですが、そのタイトルの字面に私は心を奪われました。なにしろ「毅クンが楽しい」のですから、仕事を楽しむことを志した私としては読まずにいられません。

もちろん、「楽毅」は武将の名前ですから、これは「楽しさ」について書かれた小説ではありません。その作品全体を貫くメッセージとして私が受け止めたのは、「ちゃんと生きるのがいかに難しく、しかしそれだけでいかに立派なことか」ということでした。つまり、**「立派な人生」や「満足できる人生」を送ろうと思ったら、誰かに勝つことより、まずは「ちゃんと生きる」のが大切だ、**ということです。

だとすれば、仕事で手を抜いてはいけません。無理に論文を量産する必要はないけれど、

好きな仕事は手を抜かず、ちゃんとやる。だいたい、手抜き仕事は「楽（ラク）」かもしれませんが、決して「楽しい」ものではないでしょう。**好きでやっている仕事であれば、決して手を抜けないはず**です。

だから私は、他人からの評価のために無理をすることはやめ、しかし**自分自身のために目の前の仕事を「ちゃんとやろう」**と思いました。そうしていれば、大好きなサイエンスに苦しめられることはありません。

それ以降は、淡々とした「知足」の日々が何年間か続きました。もしかすると、学界では「長沼は業績が上がってないけど、どうしたんだ？」とか「あいつ、もう終わったの？」などと心配されていたかもしれません。でも私自身は、そんな評価をあまり気にすることなく、「自分は自分のためにやるべきことをちゃんとやっている」という充実感を得ていました。

しかし現在の私は、もっと積極的に仕事をし、論文も書いています。自分の中でギアが切り替わったのは、東日本大震災がきっかけでした。あの地震が発生したのは、私が50歳になる1カ月前のこと。年齢的に、ひとつの節目を迎えるときでした。

あのとき、人生について考え込んだ人は多いでしょう。あれほどの災害が起こり、多くの方が苦しむのを見れば、被災者のために何ができるかを考える一方で、あらためて自分の生き方についても見直したい心境になるものです。

私の場合、そこで「もうひと暴れしよう」という気持ちになりました。どうしてなのかは、うまく言葉にできません。もしかしたら、何か怒りのエネルギーのようなものが自分の心を動かしたのかもしれない、とも思います。

いったん「知足」の時期を経験したので、おそらく、もう焦りやプレッシャーで倒れることはないでしょう。しばらくマイペースで淡々と仕事をしていたので、気力や体力も戻ってきました。

40代は、先が見えてくることもあって、誰にとっても「今が勝負」と焦りやすい時期だろうと思います。でも、「ここで結果を出さないと終わる」などと慌てる必要はありません。50代に入ってからでも、復活して戦うことはできる。**苦しいときはいったん休んで、「今のオレは眠れる獅子だ。いつか目を覚ましたときは怖いぜ」というぐらいの気持ちでいればいいのです。**

長沼メモ 他人の評価から離れること。そして、「好きな仕事」に手を抜かないこと。

自分のミスを頑なに認めないのは、いいことナシ

40代をそんなふうに過ごしたことで、私はそれなりに「自己改造」ができたと思っています。まわりから見てそう感じられるかどうかはわかりませんが、たとえば自分のミスを（以前よりは）素直に認められるようになりました。昔は、ミスを指摘されても非を認めず、**いかに自分が正しいかを滔々《とうとう》とまくしたてるのが常だったのですが、周囲からの評価を考えると、それはむしろ逆効果**だとわかったからです。

批判に対する自分の対応がよくないと気づいたのは、企業のリスク管理の話を聞いたのがひとつのきっかけでした。

顧客からクレームが来た場合、企業はまず指摘された問題があることを認めるところからリスク管理が始まるといいます。その上で、自分たちに非があれば謝罪し、相手に損失を与えたならそれを弁償する。さらに、反省することで原因などを明らかにして、再発防止策を講じるのが基本的な流れです。

そこで**何より大事なのは、「プライドを捨てる」**ことでしょう。会社の看板に傷がつくことをおそれて問題の存在自体から否定してしまうと、かえって世間の信用を失い、結果的にイメージがダウンする。むしろ潔く認めたほうが、看板を守ることにつながります。

個人でも、これは同じこと。たとえば少し前に、国会で「これはウチワに見えるかもしれませんが、ウチワではなくビラです」と強弁して世間の失笑を買った法務大臣がいました。結局は辞任に追い込まれたので、「無駄な抵抗」だったわけです。無駄に終わるだけならダメモトでやってみる意味もあるでしょうが、同じ辞任するにしても、すぐに非を認めたほうが、その後の政治家としてのイメージはよくなったに違いありません。

それに、**非を認めずに強弁したとき、いちばん居心地の悪さを感じているのは、周囲で見ている人たちではなく、自分自身**です。「ちゃんと生きている」という手応えが得られないし、楽しくもない。もちろん非を認めるのもあまり楽しいことではありませんが、認めたほうが気持ちが「楽（ラク）」になるのはたしかでしょう。

だから私は、**弁解・弁護・弁明の「三弁」を一切しない**ことにしました。たとえ自分は悪くないと思っていても、とりあえず謝る。それが話し合いのゴールだと思うと謝れなくなりますが、そこからスタートするのだと思えば、そんなに抵抗感はありません。

実際、何かトラブルが起きたときは、謝ってからお互いに何だかんだと話をしているうちに、本当の責任の所在が明らかになることがよくあります。だから、早い段階で謝った人が必ずしも最終的な責任を問われるわけではない。むしろ、いったん誰かが謝ることで関係者が落ちつき、冷静に考えようという雰囲気になることが多いのです。

たとえば、自分の指導している学生が実験でミスをしたとしましょう。以前の私だったら、「なんでそうなることがわからなかったんだ！」などと怒鳴りつけるところですが、今はそんなことはありません。「オレの指示が悪かった。すまない」と謝ります。相手が「一を聞いて十を知る」ようなタイプだと思い込んでいたから、言葉が足りなくなってしまった。ちゃんと一から十まで説明しなかった自分の責任だ――と考えるのです。

いきなり「おまえのせいだ！」と怒鳴られると、学生も「そんなこと言われたって……」と反発したくなるでしょう。でもこちらが先に非を認めると、ふつうは「いえ、すみません、自分の不注意でした」などと反省するものです。もっとも、中には非を100%こちらになすりつける図々しい学生もいないわけではないので、そういう場合は「ちょっと待て。キミにも非はあるでしょ」と指導しますが……。

長沼メモ　先に謝ると、物事はうまく進む。ミスを素直に認めたところから、物事は好転し始める。

生物の進化は、遺伝子のミスコピーから始まる

そもそも、**人間はミスをゼロにはできません。**仮にできたとしても、そのときは何も新しいものが生まれなくなるでしょう。

それこそ**生物の進化も、遺伝子のミスコピーから始まります。**生命がノーミスの存在だったら、地球生命は誕生から40億年経った現在でも、海の中の単細胞生物のままだったかもしれません。

もちろん、ミスで生まれた変異体の大半は生き残れず、いわば「失敗」に終わります。しかし、中には環境に適応して生き残り、新種としての独立に成功するものもある。確率は決して高くありませんが、生物界全体で膨大な数の変異体が生まれるので、長い年月をかければ種の枝分かれもたくさん生じます。

だから、地球生命はこれだけ多様なものになりました。「打率」の低い野球選手でも、

「打数」を増やせばヒット数を稼げるのと同じことです。

その意味で、**ミスは成功のためのコスト**だと考えることもできるでしょう。よく言われるように、あのイチロー選手でも６割以上は失敗する。まさに「失敗は成功のもと」なのですから、「ミスを認めたら負け」などと考える必要はありません。

ただ、先ほどの図々しい学生のように、相手が非を認めた瞬間に、優位な立場を絶対に譲らない人がいるのも事実です。訴訟社会のアメリカでは、たとえば交通事故を起こしたとき、先に「アイムソーリー」と口にすると裁判で負けるので、絶対に謝らない――本当に「絶対」かどうかはわかりませんが、そういうケースがあるのはたしかでしょう。

日本もアメリカ的な訴訟社会に近づいているせいなのか、昔よりも「先に謝りにくい世の中」になっているような印象もあります。「失敗を許す社会」を作るべきだというお題目はよく見聞きしますが、現実はそうなっていない。何か不祥事が起こるたびに、マスメディアでは責任追及と謝罪要求の声が高まり、誰かが記者会見で深々と頭を下げてもなお、攻撃の手が緩むことはありません。

そんな風潮のせいなのか、今の学生たちを見ていると、以前よりも失敗をおそれる気持ちが強いように感じます。たとえば新しい実験を始めるときに、「自分にもできますかね？」という聞き方をする学生が少なくない。やってみる前に、成功の保証が欲しいのです。過保護な親が、小さい頃から失敗させないように育ててきたのかもしれませんが、これでは新しいことにチャレンジできないでしょう。

長沼メモ　「打率」は低くても、「打数」を増やせば成功の数は稼げる。まずやってみる。やってみなければ絶対に成功は訪れない。

「If I were you」で相手のミスを許す

成功の保証を欲しがるのは、若い学生たちだけではありません。たとえば私たちが研究費を請求する書類には、「期待される成果」を記入する欄があります。辺境でのサンプル調査など、やってみないとわからないので困りますが、お金を出す以上、何らかの保証は欲しいのでしょう。仕方なく、それらしいことを書かざるを得ません。

それはいいのですが、少し前にはこんなこともありました。ある研究機関のトップが、私のやろうとしていることを面白がり、「博打《ばくち》でいいから応募しなさい」と言ってくれたときのこと。その言葉を信じて応募書類を提出すると、審査員に「これはちゃんと結果が出るのか？」「現実性に乏しい面がある」などと疑義を呈されてしまったのです。

初めから「博打」みたいなハイリスク・ハイリターンの研究だと言っているのだから、現実性に乏しいのは当たり前でしょう。それなのに、組織のトップが「博打ＯＫ」と宣言しているにもかかわらず、その下の人たちは保証がないとゴーサインを出したがらない。ダメだったときに責任を問われたくないのでしょうが、こんなことで「失敗が許される社会」など作れるとは思えません。

そういう風潮が社会に蔓延《まんえん》しているから、学生も失敗をおそれて、自分にできることしかやろうとしなくなるのではないでしょうか。だとすれば、みんながミスを認める姿勢を持つこと以前に、みんながお互いにミスを許す寛大さを持って、謝りやすい雰囲気を作ることも大事でしょう。

とはいえ、他人がミスをしたせいで自分に迷惑がかかったら、それを許すのは簡単ではありません。迷惑を被った側はムカムカと感情的になっていますから、相手が謝ると、「謝ればいいってモンじゃないんだよ。だいたいおまえは昔から……」などと説教のひとつも始めたくなるものです。

そういう感情を消すのは、なかなか難しい。ならば、内心では怒っていても言葉の上で相手を許す「スキル」を身につければいいでしょう。もちろん心の底から許すのがいちばんよいのですが、それができないときは、テクニカルに許す。そうすることで自分の感情も落ちつきますし、周囲も「寛容な人だ」と思ってくれます。

そこで、私がアメリカ留学中に学んだ「使えるテクニック」をひとつご紹介しておきましょう。ある仕事で手ひどいミスをした人に、周囲の人がこんな言葉をかけるのを見て、私は「なるほど」と思いました。

「自分があなたの立場だったら、やはり同じことをしただろう」

これは、実に上手な許し方です。**迷惑を被った立場で「上から目線」で許してやるのではなく、「If I were you」と相手の立場に寄り添って理解を示す。**自分でも同じことをしただろうというだけで、ミスをしてもよかったというわけではありません。ただ、ミスした相手を受け入れているだけです。

これなら、許される側としては気が楽になるので、素直に反省の言葉を言いやすいでしょう。ミスをした相手のほうから「いえ、むしろ私があなたの立場なら怒ると思います」というような展開になれば、実に美しい関係性になります。逆に、ミスをした当の本人が「そうですね、私があなたの立場でもこのミスは許すと思います」などと開き直ったら大変なことになりますが、まあ、そこまで図々しい人はまずいないでしょう。

許す側も、こういう言い方なら、怒りや不愉快さを上から叩きつけずに済みます。やや怒気をはらんだ口調になってしまっても、「そりゃあ、オレだって同じことをしたかもしれないけどさ」という台詞を口にすれば、最低限の許しは与えたことになる。「許しのスキル」として、誰にでも身につけやすいものだと思います。

個人的な話が長くなりましたが、ミスは必ずしも悪ではない。先ほども言ったように、遺伝子のミスコピーのおかげで我々人類は存在しているわけです。今日を境に「ミス」そのものへの考え方を変えてはどうでしょうか？

長沼メモ　ミスしない人などいない。ミスとどうつき合うかが人を作る。

第四章　サイズとノイズ

――生物に学ぶ組織論

生物はどこまで小さくなれるのか

２００９年に私たちの研究グループがサハラ砂漠でサンプリングした微生物が、「綱」レベルの新発見だったことは、第一章で紹介しました。「オリゴフレキシア」と名付けられたバクテリアです。

実はこのバクテリアには、新しい綱であること以外にも、面白い特徴がいくつかありました。そのひとつが、「サイズが異様に小さいこと」です。微生物ですから小さいのは当たり前ですが、オリゴフレキシアは従来の常識を覆すほど小さなサイズでした。その小ささを表す単位は、１０００分の１ミリを指す「マイクロメートル」です。

これまでに発見されたバクテリアのサイズは、もっとも小さいものでも０・２マイクロメートル以上です。そのため、食品業界や医薬品業界で使用する除菌フィルターの目の大きさも、０・２マイクロメートルが一般的でした。加熱による滅菌ができないものに関しては、その除菌フィルターを使って雑菌の侵入を防いでいます。

ところがオリゴフレキシアは、０・２マイクロメートルの除菌フィルターを通り抜けられることが、私たちの研究で判明しました。もしこんなサイズのバクテリアがどこにでも当たり前にいるとしたら、もっと目の細かい除菌フィルターを使わなければなりません。

しかしここで問題になるのは、「バクテリアはどこまで小さくなれるのか」です。オリゴフレキシアは0・2マイクロメートルより小さくなるので現在のところ最小サイズ級ですが、もっと小さいものがいるかもしれません。そして、仮にそういうバクテリアが見つかったとしても、それが最小とはかぎらない。可能性はいくらでもあるので、「いちばん小さいバクテリア」の最終解答を得るのはとても困難です。

でも、**「原理的にこれ以上は小さくなれない」という下限があることが証明できれば、それより小さい生物はいないと断言できる**でしょう。これは、実用的な意味で重要なだけでなく、生物学そのものにおけるきわめて興味深いテーマです。これについて考えることで、生命の起源や「生命とは何か」といった根源的な問題へのヒントが得られるに違いありません。

というのも、**40億年前に初めて誕生した原始の生物は、生命というものを維持できる最低限のサイズだったと予想されるからです。**

地球の誕生と同時に生物が存在したとは考えられないので、当初、原始の海には生物とは呼べない物質（非生物）しか存在しなかったでしょう。その物質が（どういう成り行きかはまだ不明ですが）集まって、「ユーリー＝ミラーの実験」（Ｐ29）で作られたようなアミノ酸になり、さらにそれが集まってタンパク質（前生物）になりました。

しかし、それはまだ「生物」ではありません。どこからが「生物」なのかはいろいろな考え方がありますが、その有機物が細胞の状態になり、分裂によって増殖を始めれば、もう生物と呼んで差し支えないでしょう。

では、そういう「生物らしい振る舞い」ができるようになるには、どれぐらいの量の材料があればいいのか。小さいほど材料は少なくて済むのですから、これはまさに「サイズの問題」になるのです。

長沼メモ　生命を考えるときに、「サイズ」に注目する。生物が生物らしくいられるための、「最小サイズ」というものがある。

0・2〜0・1マイクロメートルが生物と非生物の「境界線」？

たとえば、生物と非生物の中間にあるような微妙なものとして、ウイルスがあります。ウイルスも、バクテリアと同じ「微生物」だと勘違いしている人もいるでしょうが、そうではありません。

ウイルスは自己複製するという点で、非常に「生物っぽい」存在です。しかし、この「物質」は、単独では増殖できません。ほかの生物に寄生したときだけ増殖が可能です。また、ウイルスは自分自身ではエネルギーを利用しません。寄生した生物の細胞がエネルギーを利用するときに便乗するだけです。つまり、栄養の摂取や排泄などの代謝を一切しないのです。

それに加えて、ウイルスは細胞質を持ちません。生物の「定義」はとても難しいのですが、「細胞」という基本単位で成り立っていることと「代謝」を行うことは、それが生物であるための重要な特徴だと考えられています。

先ほどは「増殖を始めれば生物らしい」と言いましたが、ウイルスはそれさえも単独ではできません。そのため、**ウイルスはバクテリアのような「微生物」ではなく、きわめて生物に近いが生物ではない「物質」だと考えられている**のです。

さて、それではこの**「物質以上、生物未満」**のような存在のサイズはどのくらいでしょう。かつてバクテリアは最小でも０・２マイクロメートルだと思われていましたが、ウイルスのほうは「最大」で０・２マイクロメートル程度です。最近ではさらに大きい「巨大ウイルス」というものも見つかっているようです。

身近なところでいうと、風疹ウイルスがおよそ０・２マイクロメートル。麻疹《ましん》ウイルスやインフルエンザウイルスは０・１マイクロメートル程度しかありません。それよりはるかに小さいウイルスもたくさんあります。

こうしてバクテリアとウイルスのサイズを比較すると、やはり０・２マイクロメートルから０・１マイクロメートルのあいだに、「物質以上、生物未満」の「境界線」がありそうに思えてきます。**ウイルスはサイズが小さすぎるがゆえに、今一歩、生物になりきれないのかもしれません。**単独で増殖したり、代謝を行ったりするには、もっと大きな体が必要なのでしょう。

生物界の極限環境＝辺境は、一般的に、温度、湿度（水分）、酸素や塩分などの濃度、栄養となる物質の量……といった条件が通常よりも極端に多かったり少なかったりする「場所」のことを指します。だから私も辺境生物を求めて地球上のあちらこちらを飛び回るわけですが、この「０・２マイクロメートル未満の世界」を考えると、「辺境」は必ずしも「場所」だけを意味する言葉ではないように思えてきます。「サイズ」という条件もまた、生物にとっては「辺境」のひとつになるのです。

長沼メモ　行くのが難しい「場所」は辺境だが、生きるのが難しい「サイズ」もまた辺境だ。

「小さすぎる」ことは、生物にどんな不都合となるのか

ただし、サイズが小さいほど「生きにくい」というわけではありません。クジラからバクテリアまで地球上の生物を大きさの順に左から並べ、それぞれの地球上の総個体数（もちろん推定値）を対数グラフにすると、きれいな左肩上がりの直線になります。つまり、大きい生物ほど個体数が少なく、小さい生物ほど多い。少なくとも0・2マイクロメートルのバクテリアまでは、その「法則」のようなものが当てはまるように見えます。

そこで私たちは、0・2マイクロメートルの除菌フィルターを通過するサイズの極微小バクテリアを海中から採取し、その個体数を調べました。先ほどの法則性を当てはめれば、極微小バクテリアの総個体数を予想することができます。しかし実際の数は、その予想値をはるかに下回っていました。それも、2分の1とか3分の1といった話ではありません。なんと極微小バクテリアは、予想される数の100万分の1しかいなかったのです。

これはやはり、0・2マイクロメートル未満というサイズが生物にとって分厚い壁のよ

うなものになっていることを物語っています。**クジラのような大型の哺乳類から大腸菌までは「小さいほど多い」という規則性があるのに、0・2マイクロメートルより小さくなった途端に、急激に個体数が減る。**それだけ「生きにくい」のだとすれば、そこには「**サイズという辺境」**があることになります。

では、なぜ0・2マイクロメートル未満の生物は生きにくいのか。別の言い方をすると、小さすぎることには、生物にとってどんな不都合があるのでしょう。

そこで考えられるのは、小さい生物は細胞内の空間が狭いため、そこに入れることのできる「分子」の数も少ないということです。ご存知のとおり、多くの物質は原子の集まりである分子からできています。その分子が少ないということは、生物を作る「材料」が少ないということにほかなりません。

すると、どういう不都合が生じるか。材料が少なければ当然サイズが小さくなるわけですが、それだけではありません。生命現象を司る遺伝子の数も少なくなってしまいます。

たとえば私たち人間の体はおよそ60兆個の細胞でできています。ただし、そのうち約20兆個は赤血球で、赤血球には細胞核がない、すなわち、遺伝子がありません。それはさておき、だいたい10マイクロメートルほどの細胞ひとつひとつに含まれる遺伝子の数は、およそ2万〜3万個。1マイクロメートル級の単細胞生物の大腸菌はそれよりずっと少ないですが、それでも4000個の遺伝子を持っています。

それに対して、0・2マイクロメートル未満の「小さすぎる微生物」は、数百個ぐらいの遺伝子しか持てません。大腸菌からさらにもう一ケタ少ないのです。遺伝子は生命の「設計図」や「楽譜」などにも喩《たと》えられる重要なものですから、極端に少なければ、ほかの生物にできることができなくなっても不思議ではありません。

長沼メモ　一般的に、大きな個体より小さな個体、たとえばゾウより、アリのほうが個体数が多い。しかし、極端にサイズが小さくなると、個体数がガクンと減る不思議。

ノイズに強い生物、弱い生物

ちなみに、遺伝子はさまざまな形質を決める本体の部分と、「プロモーター」と呼ばれるスイッチのようなものがセットになっています。ある形質を決める遺伝子を持っていても、そのスイッチがONにならなければ、その形質は発現しません。ですから、同じような遺伝子を持っていても、スイッチのON／OFFや、ONになっている時間の長短などによって、生物の運命は違うものになります。

たとえば、ヒトとチンパンジーはかなり高いパーセンテージで遺伝子が一致していますが、プロモーターの働きは同じではありません。一例を挙げるなら、どちらも「脳を発達させる遺伝子」を持っていますが、チンパンジーよりヒトのほうが脳が大きい。受精卵から胎児が発生するプロセスの中で、ヒトのほうが「脳を発達させる遺伝子」がＯＮになりやすく、その遺伝子の発現が強化されていることがわかってきました。

ここで話を戻すと、この「ＯＮ／ＯＦＦ」のスイッチが多いほど、遺伝子が「発現する／しない」の組合せが多くなりますから、表現型（フェノタイプ）の形質も多様になり、ひとつの集団の中で「個体の多様性」が増していきます。そして、**多様な個体がいる集団のほうが、集団として生き残りやすくなり、ひいては進化しやすくなる**のです。

これは単細胞の大腸菌でも同じです。たった1個の大腸菌から増えた集団は「ひとつの細胞（個体）のコピー集団」で、どの個体も遺伝子型はまったく同じはずです。しかし、それぞれの遺伝子のスイッチの入り方には個性があり、表現型に多様性が生じます。言ってみれば、ある集団に「右向けー、右！」と号令をかけても、つい左を向いてしまう「天邪鬼《あまのじゃく》」が必ず出て来るのです。それは平時には天邪鬼なのですが、環境が激変して有事になった場合、むしろ、天邪鬼のほうが生存に有利になるかもしれません。**平時の天邪鬼など「集団内のノイズ」でしかないのですが、環境変化などの有事には力を発揮することがある**のです。

ここで、天邪鬼の大腸菌について考えてみましょう。ふつうの大腸菌に比べて、天邪鬼クンは体内（細胞内）の遺伝子発現がふつうでない、遺伝子発現のＯＮ／ＯＦＦが何だか変だ……ということになります。これを「遺伝子発現のノイズ」といいます。そうなると、ふつうの大腸菌には好適な培養条件でも、体内に遺伝子発現のノイズを抱えた天邪鬼クンは、かなり難儀することになると想像できます。難儀はするけれど、何とかギリギリで超少数派として存在することはできます。

しかし、体（細胞）が極端に小さくなると、そういう「ノイズ」を抱えておく余裕がありません。超微小バクテリアは遺伝子が数百個しかありません。どれかひとつのＯＮ／ＯＦＦがオカシクなるだけで、致命的になるかもしれません。こんな小さな体では天邪鬼になることができません。でも、**天邪鬼がいないと、環境激変の有事に生き延びるものもいなくなってしまいます**。つまり、超微小バクテリアは、体内のノイズに対応するだけで精一杯ですし、大きな環境の変化を乗り越えるのも大変です。おそらく、これが超微小サイズが「サイズ辺境」である理由でしょうし、超微小バクテリアの個体数が予想の100万分の1しかないことの理由でしょう。

このようにノイズに弱い生物のことを、最近の生物学では「攪乱《かくらん》に弱い生物」とか「ロバスト（頑健）ではない生物」などといいます。**ロバスト性（ロバストネス）とは、外部環境の変化などの影響に対応する仕組みや性質のこと。**情報工学や統計学などでも使われる用語ですが、生物の場合、多くの遺伝子をON／OFFによって制御できることが、ロバスト性を高めるひとつの要素になっています。**小さな生物は体（細胞）が小さいがゆえに攪乱に弱くなり、そのため自然界における個体数が少ないのではないかと考えられる**わけです。

長沼メモ 小さな生物と大きな生物のどこが違うのか考えてみると、「生命」に対する想像力が膨らむ。

人間社会においても、サイズとノイズのバランスが大切

さて、勘のよい人は、私がなぜこんな話をしているのか、もう気づいているでしょう。

そう、この話は、企業経営者など組織の運営に関わる人たちにとって、さまざまな示唆を含んでいると思います。

生物と同様、企業も社会環境の変化に対応しなければ生き残ることができません。では、どうすれば攪乱に強い「ロバストな組織」を作ることができるのか。

いろいろな手段があるとは思いますが、先ほどの話から学ぶとすれば、まずは組織の「規模」がひとつのポイントになるでしょう。細胞に入る分子の数が多いほどよいのだとすれば、社員数が多いほど攪乱に強い組織になりそうです。

ただし、ただ数が多ければいいというものではありません。社員数が多いほど「天邪鬼」な存在を抱える余裕ができるから、ロバスト性を高めることができる。したがって、「ノイズ」のような人材も採用しなければ、その利点を生かすことができません。**現状に適応することに長《た》けた素直な社員ばかりでは、どんなに規模が大きくても、環境の変化に対応して生き残ることはできない**でしょう。

また、それより難しいのは、中小・零細企業のような規模の小さい組織です。もし遺伝子が１００個しかない微生物にノイズがいくつも発生したら、攪乱に強くなる以前に、平時でも生命活動が成り立たなくなるかもしれません。企業活動も、社員が10人程度の会社に天邪鬼が3人も4人もいたら、日々の業務に支障が出ます。とはいえ、天邪鬼がゼロではロバスト性を高められない。**撹乱に強くなるには、「サイズ」と「ノイズ」のバランスをうまく取らなければいけません。**

長沼メモ 「ノイズ」的な人材を入れない組織は、弱くなる。が、相対的に多くなりすぎても弱くなる。

どんな大きさの生物も、その細胞の大きさがほぼ同じなのはなぜか考える

その点、生物の細胞は実にうまくできています。

細胞の研究は、19世紀に始まりました。現在でも「細胞説」は「進化論」と並んで生物学を支える2大テーマのひとつといっていいでしょう。

その細胞について非常に興味深いのは、**クジラから大腸菌まで、どんな大きさの生物でも、その体を構成する細胞のサイズがほぼ同じであること**です。もちろん、動物とバクテリアでは差があって、大腸菌は1000分の1ミリ程度なのに対して、ふつうの動物の体細胞は100分の1ミリ程度。しかし体の大きさは何ケタも違いますから、1ケタしか違

わない細胞のサイズは「ほぼ同じ」といっていいでしょう。

ちょっと考えると、これは効率が悪いように感じます。たとえば私たちの体も、なぜ60兆個もの細胞で組み立てなければいけないのか、よくわかりません。もし10倍ほど大きい細胞で作ることができれば、（体積は10^3分の1、すなわち1000分の1の）600億個で済むかもしれないのです。

長沼メモ　クジラも大腸菌も、ひとつの細胞の大きさはほぼ同じ。あんなに大きなクジラも、細胞の大きさはこれでないといけない。

われわれの知る細胞の大きさは、地球上の生命体が強く生きるのに適したサイズ

しかし現実には、そういう生物はいません。それはなぜなのか。

先ほども述べましたが、細胞が大きくなると、そこに入る分子数が多くなります。もし人体をたった600億個で作れるほど大きな細胞があるとすると、そこには現実のヒトの細胞より1000倍も多い分子が含まれるわけです。

化学の世界では、そのように分子数の多い場合を統計的に扱います。

たとえば、フラスコに2種類の化学物質を入れてかき混ぜると、色が変わったり、臭いが発生したりといった特定の反応が起きるでしょう。しかし、**全体を見ればそのような反応が起きていても、ひとつひとつの分子がすべて同じように反応しているわけではありません。**中には色も臭いも変わらない「天邪鬼」な分子もあります。でも、全体の分子数がものすごく多いので、統計的にはそれを無視して考えることができる。平均化すれば、「物質A＋物質Bではこの反応が生じる」と定式化できるのです。

もし生物の細胞が統計的に扱えるだけの分子数を持っていたとしたら、そこに含まれているノイズのような「天邪鬼」は、存在感をほとんど持てません。たとえば全体が赤くなる反応の中で、青く反応する天邪鬼がいても、統計的な平均値の中では「ないもの」として無視されてしまうのです。

これでは、攪乱に強い細胞にはなりません。環境が変化したときには、天邪鬼な分子のイレギュラーな動きが必要になるのに、その効き目が薄まってしまうのです。したがって、**大きい細胞は生物にとって都合が悪い。**仮にそういう生物が誕生したとしても、すぐに自然淘汰されてしまったのではないでしょうか。

実際、今の地球上に生き残っている生物の細胞内には、統計的に扱えるほど多くの分子はありません。スーパーコンピュータを使えば、細胞内のすべての分子の振る舞いをシミュレーションできる程度の数です。この程度の数なら、天邪鬼な分子が無視されず、ロバスト性を高めるだけの効き目を持つことができる。逆に、細胞のサイズがもっと小さい（つまり分子数がもっと少ない）と、天邪鬼な動きが効きすぎて、生命活動が安定しないでしょう。その意味で、**地球生命の細胞サイズは、バランスの取れた「ちょうどいい大きさ」になっている**のです。

しかし、そんな細胞にもひとつだけ例外があります。ふつうの細胞に比べて、10倍ほど大きい、体積にすると1000倍も大きな細胞があるのです。

それは、卵細胞。ヒトの卵子であれ、カエルの卵であれ、その細胞はほかとはサイズが違う。もちろん、そこにもちゃんと理由があります。

もし受精卵がほかの細胞と同様に「天邪鬼な分子の動きが効くサイズ」だとすると、発生のプロセスが不安定なものになるおそれがあるでしょう。受精卵が分割し、そこからさまざまな体の部位が正しく作られるためには、レギュラーなプロセスが順序よく進行しなければなりません。そのためには、ノイズが無視できるぐらい多くの分子数があったほうがよいのです。

長沼メモ

「ノイズ」が細胞を強くする。しかし、細胞が大きすぎると「ノイズ」は効果を持たない。すなわち、器となる細胞の「サイズ」が、生命の強さ（ロバスト性）を左右する。

新種の微生物を見ればわかる、人間社会のシビアな真実

これは、人間の集団にも当てはまるでしょう。

たとえば大人数の合唱団では、風邪を引いて声がガラガラのメンバーが2人や3人いても、全体の音に影響はありません。歌っている最中によほど激しく咳き込んだりしないかぎり、聴衆は気づかないはずです。

しかし、4、5人のコーラスグループの場合、ガラガラ声のメンバーが1人でもいれば、その「ノイズ」は目立ってしまいます。つまり、**ノイズを隠して平均化したければ、集団の人数を増やせばいい。だから、社員数の多い大企業は安定しやすい**わけです。

ただし**「安定した組織」というのは、裏を返せば、融通が利きません**。体細胞に対する卵細胞ほどの規模になると、その集団はレギュラーな動きしかできなくなる可能性があります。だから安定するわけですが、社会環境の変動によって従来のやり方が通用しない状

況に直面したときには、それに対応するためのイレギュラーな動きができない。統計的に扱われる化学物質と同様、天邪鬼なメンバーがいても、それが組織全体を変えるほどの効き目を持つことはないのです。

もちろん、**組織が小さすぎても、「平時」からノイズが目立ちすぎてうまくいきません。**極端な話、個人商店のような会社のオーナーがイレギュラーなタイプだとしたら、設立した翌日からうまくいかないでしょう。天邪鬼を抱えながら、「有事」にはノイズの効き目が期待でき、「平時」には安定感が得られる最適な組織サイズを模索するのは、なかなか難しそうです。

しかし生物の細胞研究がさらに進めば、そこから人間社会に生かせるヒントも得られるかもしれません。そして、0・2マイクロメートルの除菌フィルターを通り抜けるオリゴフレキシアは、細胞における「サイズとノイズ」の関係を明らかにする上で、大いに役立つ可能性があります。

実をいうと、オリゴフレキシアは常に0・2マイクロメートル未満の大きさなのではありません。これも非常に珍しい特徴なのですが、このバクテリアは、ライフサイクルの中で細胞の体積が1万倍以上も変化するのです。細胞が大きくなったところで分裂するのは多くのバクテリアに共通の特徴ですが、これほどサイズが変化するものは少なく、その代表例がオリゴフレキシアなのです。

すでに述べたとおり、もっとも小さい状態のオリゴフレキシアは、生命体として成立するかしないかのギリギリのサイズです。つまり、イレギュラーな人材がいては困るレベルの零細企業のようなものだといえるでしょう。そのイレギュラーさがたまたま激変した環境に合っていれば適応するし、もっと可能性が高いのは合っていない場合で、その場合は不適応ということになります。

しかし、体（細胞、会社）が大きくなると、ノイズや天邪鬼の存在がほどよく効いてきます。この段階では、攪乱に強いロバスト性を高めることができるでしょう。でも、さらに大きくなると、こんどは分子数が増えることでイレギュラーな遺伝子の存在感が薄まり、その「効き目」が低下するかもしれません。

これまで、そういった「サイズとノイズ」の関係を調べるには、大きさの異なる別々の種《しゅ》のバクテリアで比較するしかありませんでした。これは条件を揃えて比較するのが難しいわけですが、オリゴフレキシアの場合は、まったく同じ種でサイズの違う状態を比較することができます。まだ始まったばかりですが、今後、この分野の研究はオリゴフレキシアのおかげで大きく進展すると思われます。

長沼メモ　「天邪鬼＝ノイズ」の存在が組織を強くするが、「天邪鬼を生かせる」組織には、適正サイズがある。「企業」「組織」を考えるときに必要な視点は、「サイズ」と「ノイズ」のバランスだ。

多様性を許容しない人間集団の未来は暗い

いずれにしろ、**人間の集団や組織に「天邪鬼」が必要であることは間違いない**でしょう。

もっとも、私自身が集団内で浮きやすいタイプだという自覚があるから、自分を正当化したくて余計にそう思う面もあるのかもしれません。そう考えると、オリゴフレキシアの研究も、実は自分のためにやっているような気もしてきます。

しかし私のことはともかく、一般論としても、やはり**同じタイプの人間ばかりの集団には何らかの脆弱性**《ぜいじゃく》**が生じる**のではないでしょうか。同じタイプの人間は同じ弱点を持っているので、そこを攻められると集団全体が倒れてしまう。順風のときはどんどん前に進めるものの、ひとたび逆風が吹くと対応できなくなってしまうのです。単一作物を大量栽培するモノカルチャーのプランテーションの脆弱性と同じことです。

だから、**人を採用する立場になったら、あえて自分とは違うタイプを引き入れることを意識したほうがいい。**そこを意識していないと、つい肌の合わない人を排除し、一緒に仕事がしやすそうなタイプばかり選んでしまうものです。

たとえば私の研究室にも、ときどき、自分とは少し違う方向を目指している学生がいます。そういう存在は、グループとして行動するとき、多かれ少なかれストレスの要因になります。

でも私は、何かあったときに研究室のロバスト性を高めてくれるのではないかという思いもあって、排除せずに置いておく。たとえば研究が行き詰まったときに、自分にはない視点から思いがけないアイデアを与えてくれるかもしれません。

また、そういう人間を近くに置くことで生じるストレスは、自分という人間を鍛えるための負荷だと考えることもできます。

会社の同じ部署に、何かあるごとにイライラさせられる人間がいれば、誰でも精神的には負担になるでしょう。でも何年か経ったら、「こんな人間ともつき合えるんだから、オレも成長したよな」と思えるかもしれません。もっとも、ストレスによる飲みすぎ食べすぎで、体のほうも少し成長しているかもしれませんが……。

そもそも生物も、ひたすら多様化する方向に進化してきました。その多様性があるおかげで、自然界の生態系も安定したものになっています。

そのために生態系全体がどれぐらいのコストを払ってきたのかはわかりませんが、**もし生物の形質が多様化せず、同じような特徴を持つ方向で進化していたら、地球生命はとっくの昔に絶滅していたかもしれません。**

これまでの40億年のあいだに、地球上には5回ほど生物の大量絶滅期が訪れました。しかし、それを乗り越えて生き残る種が必ずいたから、今も地球には多種多様な生物が存在するわけです。

それらの種は、いずれも「天邪鬼」のような生き物だったから、環境の激変に耐えられたのかもしれません。そういう種がいたおかげで、私たちは現在この地球上で生を享受している。その意味では、みんな「天邪鬼の子孫」ということもできるのです。

おそらく**人間の社会そのものも、天邪鬼な存在を排除して同質化を進めてしまうと、その未来はあまり明るいものにはならない**でしょう。たとえば戦争をしていた時代の日本社会には、そういう面があったのだろうと思います。翼賛政治が行われ、みんなと違う方向を向く人は「非国民」と呼ばれて排除されました。

大学の研究室レベルの小グループから国家まで、そういう人間集団は、ロバスト性が低くなるのではないでしょうか。それに関しては、どんな「サイズ」でも同じなのだろうと思います。

長沼メモ 「天邪鬼」の存在があるから、社会は強くなり、発展できる。あえて「自分と合わない」人材を引き入れること。

第五章　生物界の正解は、「個性尊重より、模倣と反復」

「個性重視の教育」が、社会の多様化を阻害する？

この章では、私が実際に身を置いている教育現場で感じたことを話したいと思います。

みんなが同じ方向を向き、集団から浮きがちな「天邪鬼」を受け入れない社会は、攪乱に弱い——前章では、そんな話をしました。**環境の変化に耐えて生き残るだけの強さを持つには、多様性を大事にする必要があります。**

このような考え方そのものは、それほど珍しいものではないでしょう。たとえば上司の意向に従順な「イエスマン」ばかりの組織は、しばしば批判を受けます。

「出る杭は打たれる」という言葉も、おそらく昔は処世術の基本として肯定的に使われていたのでしょうが、現在はそうでもありません。むしろ、そういう社会や組織を否定するときに使われることが多いように感じます。

つまり、「出る杭」を戒めるためではなく、「杭を打つ」人や組織を批判するために、この言葉が持ち出される。「天邪鬼」を排除すべきではないという感覚は、かなり広く共有されていると思います。

しかし現実には、相変わらず「出る杭は打たれる」のが日本社会の特徴といっていいいでしょう。「出る杭は打たれるが、出すぎれば打たれない」と鼓舞されることもありますが、出すぎるやいなや、「出すぎた杭は切られる」と。どうしても摩擦や軋轢を避けたい気持ちが勝ってしまい、異端児タイプはあまり歓迎されないようです。それを「わかっちゃいるけど、やめられない」のが日本社会の特徴なのかもしれません。

そういう社会全体の傾向を、教育の段階で変えようとする動きもあります。いわゆる「個性重視の教育」です。

組織や集団が似たタイプばかりになるのは、そもそも学校教育の中で天邪鬼や異端児が受け入れられず、同じようなタイプの人材ばかり育てているからだ——個性重視教育の背景には、そんな発想があるのでしょう。同じような型にはめ込むのではなく、それぞれが持っている個性を存分に伸ばす教育を行えば、バラエティに富んだ人材が育ち、社会や組織の多様性が確保される、というわけです。

ここまで読んできた人は、私もこの「個性重視の教育」に賛成だろうと思われるかもしれません。「多様性のない同質化した社会の未来は暗い」と考えているのですから、そう思われるのも無理はないでしょう。

でも、実はそんなことはありません。たしかに**多様性は社会にとって重要ですが、学校**

教育の中で必要以上に子供の個性を重視するのは、弊害のほうが大きいと私は考えています。なぜ私がそう考えるのか説明していきましょう。

長沼メモ 安易に「個性」を尊重しない。必要以上の個性重視は、教育の弊害だ。その理由は……。

先人に学ぶことなく自分勝手に勉強・練習して上達するわけがない

実際、学校教育の現場で「個性を伸ばす」ことが重んじられるようになってから、大学生の気質はずいぶん変わりました。いちばん強く感じるのは、何をするにも「自分で考える」「自分で決める」ことにこだわる学生が増えた点です。

この世の中には、自分ではどうにもできないことが少なくありません。第二章で「世界にはかなわない」と言ったとおり、**物事は自分以外の事情で決まることがほとんど**です。

たとえば私の場合、南極で調査ができるチャンスは、自分の都合に合わせて訪れるとはかぎらない。観測隊は11月に出発して、3月に帰国します。卒論や入試など、大学教員としての仕事を考えれば、その期間に日本を留守にするわけにはいきません。

でも私は、話が来たら何も考えずに「行きます」と答えてしまいます。これはもう「ご縁がある」のだから、あれこれ考えても仕方がない。だから「話が来たら受ける」と決めているのです。

そのための仕事の調整や周囲にかける迷惑などのことを考えたら、「ああめんどくさい」「行きたくない」とは思います。でも、「ご縁」でやって来る話に、自分の都合で判断する余地はありません。**ルールは自分の側にではなく、「世界」の側にある**のです。

南極観測隊ほど大袈裟なことではなくても、「自分の判断」が邪魔になることは誰にでもあるでしょう。

たとえば私は広島で、地元の子供たちに柔道を教えています。そのとき、**「どうやったら強くなれるか、自分で考えてみよう」なんて言いません。受け身も立ち技も寝技も何も知らない状態から、自分の好きなように練習してうまくなるわけがない。**当然、決まった型を身につけさせることから始まります。

もちろん、最後まで型どおりにやればいいというものではありません。上級者になり、本格的に勝負の世界で戦うようになれば、何をすべきかを自分で考え、決断することになります。オリンピックでメダルを狙うような選手なら、それぞれ自分独自のオリジナルなスタイルもあるでしょう。でも、**最初は、みんな「世界」の側にあるスタイルを体で覚え**

ることが必要なのです。

学問の世界も、それと大差ありません。

スポーツのように体を使うものと違い、学問は頭を使うので「自分で考える」ことが大事だと思われがちです。でも、決してそんなことはない。とくに理系の学問は、51ページでも話したとおり「積み重ね」が大事です。生物学だって、これまでの研究や学説を理解していなければ、発見などあり得ません。たとえば「新種」を発見したとして、それが新しいかどうかどうやって判断したらいいのですか？　珍しい辺境生物も、〝一般的な生物〟の知識があって初めてその面白さがわかるのです。基本を知っているといないとでは、その先の広がりは段違いです。

「自分で頭を使って考え出す」前に、まず、何百年もかけて先人たちが残してくれたものを学べばよいのです。

長沼メモ　「個性」や「自分で考える」ことをよしとするのをやめる！　まず先人に倣い、型を覚えること。そこから勉強と練習を積み重ね、初めて「上達」する。

「自分で考える」より、先人たちの知恵を学べ。「知恵」とは「失敗の歴史」だ

ところが「個性重視の教育」を受けてきた学生は、そういうところでも「自分で判断します」「自分で考えて決めました」と言いたがります。おそらく、小学校や中学校の先生方が「どうすればいいか自分で考えてみましょう」「やり方は自分で決めてください」などと言いすぎたのでしょう。

日本の学校教育では、「個性を引き出す教育」が重んじられると同時に、いわゆる「詰め込み教育」を嫌う流れも定着しました。そのため、決まった「型」を身につけさせるようなやり方は、なおさら敬遠されます。その結果、自分で考えなくていい部分、いや、むしろ自分で考えることがマイナスになる部分まで、無駄に自分で考えようとする学生が増えたのではないでしょうか。

「どんなことでも、まず自分の頭で考えてみることが無駄になるとは思えない」

そう言いたい人もいるでしょう。

でも、**一人ひとりの頭で考えられることなど、たかが知れています**。自分で考えて判断したからといって、それでうまくいくとはかぎらない。だから先人たちも、山ほど失敗をしてきました。

今日まで残っているのは、その中の成功例だけです。せっかく、**失敗せずに正解にたどり着ける道筋を先人たちが残してくれたのですから、その知恵をありがたく使わせていただかなければ、もったいない。**いちいち自分で考えていたら、成功例の何百倍も失敗してきた先人たちと同じ轍《てつ》を踏むことになってしまいます。そんな無意味な回り道を「無駄」と呼ばずに、何を無駄といえばいいのでしょう。

だから私は学生たちに「考えるな」と言います。考えたところで、正しい答えには到達できない。できたとしても、無駄に時間がかかる。言われた学生は、たいがい不満そうな顔をします。

きっと、小学校から高校まで、自分なりに考えたことを披瀝すれば、たとえそれが正解ではなくても、褒めてもらえたのでしょう。「個性」を認められることで自尊心を得てきたので、「自分で考えるな」と言われると、プライドが傷つくのでしょう。

もちろん、スポーツと同様、学問もいつまでもオリジナリティが不要なわけではありません。積み重ねの先には、先人がまだ切り開いていない未踏の原野のような領域がありま す。そこには獣道《けものみち》さえないので、どうするかを自分で考え、どちらに進むかを判断しなければいけません。

でも、それ以前のところまでは、どの方向に進むにしろ、先人たちが試行錯誤を重ねながら作ってくれた正しい道があります。また、「積み重ね」のためには、そこをスキップして先へ行くことはできません。

だから、その段階ではひたすら**「お手本」の真似をすればいい**。「学ぶ」は「真似ぶ」から来ているというとおり、そこでは「自分らしさ」などむしろ封印すべきです。

ただし、正しいやり方を自分のものにするには、**単に真似るだけでなく、何度も反復する必要があるでしょう**。「学ぶ」が「真似る」なら、「習う」は「慣れる」です。そこでも「自分らしさ」は求められない。**「学習」に個性や独自性など必要ない**のです。本来、学校とはそういう場所ではないでしょうか。私の研究テーマや研究スタイルは、日本に少ないので個性的かもしれません。しかし、これも「変わったことをしよう」としてたどり着いたものではありません。そんな考え方をくり返せば研究はすぐに行き詰まります。人と違うことをしたいと考える人がいるなら、そんな人こそ、まず「基礎をしっかり学んでください」。

長沼メモ 「学ぶ」は「真似る」。「習う」は「慣れる」。

「個性」を勘違いするな。放っておいても出てくるのが個性だ

それに、どんな生物にも「個体差」はありますから、人間にもそれぞれ「個性」はあります。それは、わざわざ周囲が引き出したり伸ばしたりしなくても、自然に出てくるものでしょう。

鳥類や哺乳類のようにある程度の知能を持つ動物の場合、子は一生懸命に親の真似をしながら育ちます。どこまでが本能でどこまでが学習によるのかは必ずしも明らかではありませんが、歩き方や飛び方など、「お手本」を模倣することで身につける部分があるのは間違いありません。

しかし個体差があるので、親と同じようにはできないこともあります。それこそ「首の長いカリンの変異体」は、地面の草を食べるときに、親とは違う姿勢を取らなければいけなかったかもしれません。キリンが水たまりの水を飲むときのように、前脚を大きく広げないと届かなかったりするわけです。

工夫が必要になるのは、変異体だけではありません。たとえば4本ある脚の1本が不自由なら、親と同じようには歩けない。それでも動物は、それぞれの「個性」に合わせて、自ら歩き方を工夫します。

人間の個性も、それと同じようなもの。ただの「個体差」ですから、生きていく上で役に立つ個性もあれば、マイナスになる個性もあるでしょう。

その意味で、**個性があること自体は良くも悪くもありません。**いずれにしろ、放っておけば、良くも悪くもそれは出てくる。無理に引き出さないと出てこないようなものは、本当の個性ではありません。むしろ、**隠そうとしても出てしまうのが個性というもの**です。

中には個性がないように見える子供がいるかもしれませんが、だとしたら、そう見えること自体がその子の個性でしょう。個性が何もないように見える人なんて、滅多にいません。実にユニークな存在です。

そういう個性を、学校教育の現場で「無視すべきだ」とは思いませんし、「潰しておけ」とも言いません。多様性は重要です。

だから私は、「個性のない均質な人間を育てろ」と主張したいわけでもない。どうせ個性(個体差)は放っておいても出てくるのだから、個性を伸ばす教育など、しなくてもいい。そもそも個性のない人間を育てるなんて、しようと思っても、できるものではないでしょう。

重要なのは、それぞれ他人と違う個性があっても、おおむねみんなと同じことが同じようにできるようにすることです。それが学校教育の役割にほかなりません。「自分で考えてみましょう」「自分で決めましょう」などと**個性を尊重した結果、「真似る」「慣れる」が疎かになり、正しいお手本と同じことができない人間を育てたのでは、本末転倒**だと言いたいのです。

おそらく一般企業でも、お手本を真似ようとせず、オリジナリティにこだわって「自分で決めます」と言い張る若手社員に困らされている人は少なくないでしょう。ここで誤解してほしくないのですが、そういう人材は、組織のロバスト性を高める「天邪鬼」とは違うと思います。環境の変化に対応する以前に、うまくいっている平時の組織力を低下させかねません。個性やオリジナリティは、お手本どおりの「型」を身につけた上で発揮すべきもの。そういう「型」の上の個性であれば、組織や集団の多様性を高める**有意義な「ノイズ」**になり得ると思います。

長沼メモ　お手本どおりにできるようになる前に、「個性」「オリジナリティ」を主張しないこと。なぜなら、そこに成長はないから。

「私はこう思います」と言う人は、「考えて」いない

ですから小中学校では、あまり「自分で考えてみましょう」という指導をしてほしくありません。

そもそも、「自分の頭で考えるのが大事」と言う先生たちが、生徒に「考えるとはどういうことか」を教えているのかどうかも疑問です。それがわからないまま「考えろ」と言われても、子供は単に自分の直観的な好き嫌いによって、「こうしたほうがいいと思います」などと物事を判断するだけではないでしょうか。

では、「考える」とはどういうことか。

そこで重要になるのは、「思う」との違いです。「思う」と「考える」は、似ているけれど完全に同じではない。どちらを使ってもかまわないケースもありますが、たとえば「今晩の献立を考える」を「献立を思う」とは言いませんし、「故郷を思う」を「故郷を考える」とは言いません。それは一体、なぜなのか。

実は大野晋《すすむ》さんの『日本語練習帳』(岩波新書)という本に出てくる最初の問題がこれなのですが、私はそれを読む前から自分なりの答えを持っていて、それがまさにその本でも「正解」でした。

簡単に言うと、**「思う」と「考える」の違いは「選択肢の有無」**です。「思う」はひとつのイメージが心の中にできあがっていて、それが変わらずにある。それに対して「考える」は、いくつかの選択肢を「あれかこれか」と比較・検討する作業です。ですから、ひとつしかない故郷を「考える」ことはできないし、献立を「思う」こともできません。

だとすれば、**「自分はこうしたほうがいいと思います」という判断は、多くの場合、「考えた結果」ではない**でしょう。

それ自体は、その人らしい「個性的なやり方」ではあるかもしれません。でも実のところ、その人は自分の頭で「考える」ことさえしていない。そのような判断を「自分で決めたのは偉い」などと手放しで賞賛するのが「個性重視の教育」だとしたら、それは子供の独自性を育てているのではなく、独善を許容しているだけでしょう。

「思う」が「考える」よりも独善的な判断に結びつきやすいのは、「思い込む」と「考え込む」の違いを考えれば明らかです。

「思い込む」がひとつのことを固く信じてほかの選択肢を検討しない状態であるのに対して、「考え込む」はあれこれと複数の選択肢について思考をめぐらせている状態。「私は自分の信念でこうやると決めました」「自分ではこれがベストだと思っています」などと主張して譲らない人は、ただ自分の先入観や固定観念に縛られているだけで、まともに「考えて」もいないのです。そんなふうに思い込みで物事を判断するぐらいなら、何も考えずにお手本を真似たほうがよい結果が出るでしょう。

長沼メモ　「思う」と「考える」の違いがわからないと、「ちゃんと考える力」はつかない。

脳の深層から浮上してくる「思いつき」を確実につかむために

正直なところ、私自身もどちらかというと「思い込み」が強いタイプです。それも、10年ほど前に周囲との軋轢を生んだ一因でしょう。だから自分でも、できるだけ思い込みを避けるように注意しているつもりです。

もちろん、「思う」のつく言葉がすべてよくないわけではありません。「思い出」や「思いやり」などは、私も好きな言葉です。

また、研究者にとっては「思いつき」も大事。同じ「思う」でも、こちらは「思い込み」とは違って、「自分」というものがあまり介在していません。いや、もちろん自分の頭から出てくるアイデアなのですが、脳の深層からポカンと浮かんでくるので、自分が主体的に考えたような気がしない。むしろ、自分の外にある「世界」の側にあるのが「思いつき」のように感じるのです。

私は脳科学の専門家ではないので、これは自分の中でのイメージでしかないのですが、自分で一生懸命に「考えている」と自覚しているときに使っているのは、おそらく脳の表層だけでしょう。一方、脳の深層では、自分が知らないあいだに勝手に思考がグルグルと回っている。頼りになるのは、後者です。**脳の表層で考えることなど、どうせロクなものではない。ほとんど間違っている**というのが、私の前提です。

そう思っているので、**私は自分で考えることに行き詰まると、「あとはよろしく！」という気分で問題を脳の深層へ投げ込んでしまいます。**

すると、あるとき何かの拍子に、答えが「水面」(脳の表層)に浮上してくる——これが「思いつき」や「ひらめき」といったものでしょう。

前に考えたことを「思い出した」わけではなく、自分の脳がそれを新たに「考え出した」のはたしかです。でも、ふつうに「自分で考える」のとは何かが違う。「考える」ときに使う脳の表層は、おそらく、外の「世界」と自分とのあいだにあるインターフェースにすぎないのです。いわば、パソコンのディスプレイのようなもの。そこでインプットされた問題を処理するCPUは、脳の深層にあって、自分では意識できません。

したがって、新しいアイデアを手にするために重要なのは、脳の深層から浮かび上がった答えをしっかりキャッチすることです。だから私たちは、**「思い込み」をできるだけ避けながら、「思いつき」を大事にしなければいけない。**ただ単純に「自分で考えてみましょう」と指導するだけでは、その逆になる（表層の「思い込み」にとらわれて深層の「思いつき」をつかめない）可能性のほうが高いと思います。

長沼メモ　一生懸命「考える」ことが大前提。「考えている」あいだに、脳の深層で勝手に動く「思考」が、ときどきふっと表層に出てくる瞬間がある。それを逃すな。

自然科学は、批判し合うことで進歩した

人間は、思い込みが激しければ激しいほど、物事を批判的（クリティカル）に考えることができません。これは、議論や思考を正しい方向に進める上で大きなマイナスです。

日本語で「批判」というと、どうしても「悪口」のようなネガティブなイメージがつきまとうのですが、英語の「クリティカル」は必ずしも否定的なニュアンスではありません。

たとえば「クリティカル・シチュエーション」といえば「重大な局面」、「クリティカル・モーメント」なら「決定的な瞬間」という意味。ですから、**「クリティカルに物事を考える」のは、単に「欠点を探して叩くために粗探しをする」のではなく、その意見や考え方の中で何がいちばんの「キモ」なのかを見極めることでもある**のです。その「キモ」の部分に根拠薄弱な推測などが紛れていたりすれば、当然、否定的な意味で「批判」しなければいけません。

他人と議論するときはもちろん、自分の頭の中で物事を考えるときも、そういうクリティカルな見方をしなければ、正しい判断はできないでしょう。また、自分の意見に対して他人が痛いところを突くような批判をしてきたときも、自分自身の考えをクリティカルに見る力があれば、素直にそれを認めることができます。思い込みが激しいと、そうはいきません。昔の私がそうだったように、自分の非を認めることができずに周囲と衝突してしまうわけです。

とくに自然科学の研究は、それぞれの研究者がお互いの意見を批判し合うことで発展してきました。

たとえば物理学の分野なら、19世紀までは完璧だと思われたニュートンの重力理論が、

20世紀にアインシュタインの相対性理論が登場したことによって、厳密さに欠ける近似だったことがわかりました。そこでニュートン理論にこだわっていたら、物理学は先に進まなかったでしょう。ヒッグス粒子の存在を予言する理論も、それを疑う物理学者はたくさんいました。しかし実際にそれが発見された今では、誰もが批判を引っ込めてその理論を受け入れています。そういう先人たちの「積み重ね」に学ぶのが大切であることは、先ほども話しました。

生物学の分野でも、「今まで信じてやってきたことは何だったの?」と茫然とするような事態はいくらでも起こり得ます。

たとえば前に紹介したチューブワームの発見も、当時の常識をひっくり返すものでした。海底火山のガスから栄養を作る(正確には共生する微生物に栄養を作らせる)不思議な動物が見つかったことで、それまでは大気中や波打ち際《ぎわ》で作られたと考えられていた有機物が、深海の熱水噴出孔でも生成できることが判明した。それによって、海底火山が「生命の起源」の有力候補として浮上したのです。

長沼メモ 思い込みが激しいと、正しい判断はできないし、新しい発見もない。

「自分」にこだわっていたら、新しいフロンティアには乗り出せない

近年では、ヒトゲノムの分析結果が大きな衝撃を与えました。

それまで、ヒトゲノムのうち遺伝子として機能しているのは全体の2%以下だろうと考えられていました。残りの98%は何のためにあるのかよくわからず、「ジャンクDNA」とも呼ばれていたほどです。

しかしその後の研究で、その98%は決してジャンク＝ゴミではなく、何らかの機能があると考えられるようになりました。

そこで問題になるのが、ウイルスの存在です。

かつて「ジャンクDNA」と呼ばれていた部分の半分以上がウイルスのようなものだとわかったのですから、それを無視するわけにはいきません。一体、このウイルスはヒトゲノムの中でどんな役回りを演じているのか？ そういう、きわめてシンプルだけれどきわめて重要な研究テーマが突如として出現したのです。

前述したとおり、現在の生物学はウイルスを「生物」とは見なしていません（P115）。その上、取り扱いが難しいこともあって、生物学の世界ではあまり研究対象にはなってきませんでした。

しかし海の中には、私が専門にしてきた海洋微生物の何百倍ものウイルスが存在します。個体数が多いというだけでも、そこには大きな存在意義があるかもしれません。しかもヒトゲノムの半分を占めるとなれば、放っておいていいわけがないでしょう。

とはいえ、その新しい「フロンティア」に乗り出していくのは楽ではありません。私はこれまで、海洋微生物の多様性を重視しつつ、地球環境にも多大な影響を及ぼす重要な存在だと考えて、その研究を続けてきました。そこからいきなり馴染みのないウイルス研究をゼロから始めるのは、いささか勇気が要ることです。

こういう場合、おそらく研究者の大半は、これまでの実績を大切にしたいので、従来の分野に踏みとどまるでしょう。「たしかにウイルスは大きな謎だが、微生物の重要性が失われたわけではない」など、いくらでも言い訳はできます。

でも、それでは「好きなサイエンス」を楽しむことはできません。

目の前に巨大な迷宮があったら、今まで自分で築いてきた世界が崩れたとしても、その

謎を解明しようとするのがサイエンスの醍醐味。その喜びの前では、「自分」のことなどどうでもいいのです。

微生物というテーマは、いわば私の研究者としての「個性」のようなものといえるでしょう。それを後生大事にするなら、ウイルス研究に乗り出すという選択はありません。でも、個性の値打ちなんか、たかが知れています。

やはり、「世界」にはかないません。ウイルスはまだどうやって研究すればよいのかもよくわからず、正直なところ「めんどくさっ」という気持ちもありますが、**その問題に出会ったのも何かのご縁。自分にとって「何が重要なのか」をクリティカルに考えれば、そちらに向かうのが正しい判断**だと思うのです。

長沼メモ

「好きなことを突き詰めたい」なら、新たな分野に出ていくことをおそれるな。「今の自分」に固執せず、クリティカルに考える。

第六章

男社会は戦争社会

——人類はどう生き延びるのか

口も肛門もない生命体がどうやって生きているのか

さて、ここで再び、驚異の辺境生物・チューブワームの話をしましょう。

一章の終わりにも少し述べたとおり、自らは物を食べず、共生する微生物の「暗黒の光合成」によって栄養を得るチューブワームの発見は、従来の常識を覆すものでした。しかしこの生物は、もっと深いところから従来の生命観を揺さぶる可能性を秘めています。

「動物」と「植物」に次ぐ新しい生命のジャンルが生まれるかもしれないのです。

もちろん、動物のように物を食べず、植物のように光合成もしないチューブワームは、それだけでも新しいジャンルといえるでしょう。でも、注目すべきは、そういうライフスタイルの違いだけではありません。**チューブワームの生態でもっとも興味深いのは、微生物との「共生」のあり方**です。

チューブワームは、細胞内に共生するバクテリアが作る栄養で生きています。では、そのバクテリアはどこから入ったのか？　当然、誰もが疑問に思うでしょう。なにしろチューブワームには、口も肛門もないのです。

これに関しては、実はまだそれほど研究が進んでいません。今のところ有力視されている仮説は、このようなものです。チューブワームの受精卵から幼生が孵化《ふか》したとき、数十時間ぐらいのあいだだけ小さな口が開いて、周囲の海水を吸い込む。そこに含まれている微生物を体内に取り込んだ後、口が閉じてしまうのではないか——。

とりあえずそうとしか考えられないのですが、この仮説にはいささか難問があります。というのも、共生する微生物は何でもいいというわけではありません。海水には多種多様な微生物が含まれていますが、チューブワームはその中から、硫化水素を酸化してエネルギーを得る「イオウ酸化バクテリア」を取り込む必要があります。

しかもチューブワームを調べたところ、ひとつの個体には1種類のイオウ酸化バクテリアしか共生していないことがわかりました。また、同じ種類のチューブワームには、同じ種類のバクテリアが共生する傾向があります。

果たして、「小さな口を開けて海水を吸い込む」という大雑把なやり方で、自分に必要なベストのバクテリアをチョイスすることが可能でしょうか。これは、常識的にはあり得ないほど難しいと言わざるを得ません。

では、それ以外にどんな可能性があるでしょうか。

そこでひとつ考えられるのが、**「遺伝」**です。同じ種類のチューブワームに同じ種類のバクテリアが共生しているなら、それが親から子へ受け継がれていると考えるのは決して不自然ではありません。私は、その可能性はかなりあると考えています。現時点でそのような現象は確認されていませんが、仮に今はないとしても、将来、そのような形に進化することはあり得るでしょう。

長沼メモ 「あり得ないが、それしか考えられない仮定」を、いかに覆すか。

バクテリアの生態から知る、「共生」という生き方

実際、共生するほかの生物が親から子へ垂直伝播《でんぱ》する例が、生物界には2つあります。ひとつは植物の細胞内に共生する葉緑体。もうひとつは、私たちの細胞内にもいるミトコンドリアです。

葉緑体は、もともとシアノバクテリアという単細胞生物でした。**数十億年前にこのバクテリアが登場して光合成を始めていなければ、地球上には大量の酸素は発生せず、その酸素を利用して生きる生物も現れなかった**でしょう。やがて、このシアノバクテリアがほかの生物の細胞に侵入して共生するようになり、「植物」になりました。植物の葉緑体は、

個体が誕生した後に周囲の環境から取り込まれる（水平伝播）わけではありません。親から子へと垂直伝播します。

一方、シアノバクテリアが作り出した酸素を利用して動物が生きるのに必要なのが、ミトコンドリアにほかなりません。われわれが肺から吸い込んだ酸素は、血液に入って体内の細胞に運ばれます。そこで、細胞内構造物のひとつであるミトコンドリアが、酸素を使って糖や脂肪などを燃やし、その過程でエネルギーが生み出される。われわれはそのエネルギーのおかげで体を動かしたりできるわけです。

このミトコンドリアの祖先は、アルファプロテオバクテリアという分類群に属する微生物でした。ほかの生物の体内に入り込んで共生し、エネルギー産生に関わっている点で、植物の葉緑体となったシアノバクテリアと変わりません。葉緑体と同様、ミトコンドリアも親から子に引き継がれます。現生人類のミトコンドリアのルーツを遡ると、かつて東アフリカに住んでいたひとりの女性にたどり着くとも考えられています。

チューブワームに共生する微生物はガンマプロテオバクテリアに属していますが、これもシアノバクテリアやアルファプロテオバクテリアと同じように「垂直伝播する共生体」になる可能性は十分にあるでしょう。大成功を収めた葉緑体とミトコンドリアに次ぐ「第

三の共生」になるかもしれないのです。そうなったら、生物学に絶大なインパクトが生じるのは間違いありません。

もちろん、「共生」自体は生物の世界にはよくある現象です。しかしその大半は、一方にだけ利益のある「片利《へんり》共生」でしょう。その場合、もう一方には利益も不利益もありません。具体例としては、移動のために昆虫や鳥にくっつくダニやヤスデなど。巻き貝の殻を利用するヤドカリも、一方はすでに死んでいますが、片利共生の一種です。

ちなみに、一方に不利益がある場合は、「共生」ではなく「寄生」と呼んだほうがいいでしょう。これも自然界にはたくさんありますが、不利益を受けた宿主がそのせいで生存競争に負けて絶滅してしまう可能性もあるので、あまり賢い戦略とはいえません。長い目で見れば、淘汰されやすい形の「共生」です。

それに対して、**どちらにも利益のある「相利《そうり》共生」は、当然ながら長続きしやすい**。葉緑体やミトコンドリアも、動植物がそれによってエネルギーを得られるという大きなメリットがあるからこそ、「大成功」を収めたのです。

ただし、いわゆる「Win-Win の関係」である相利共生は、そう簡単に実現しません。しかもそれが親から子へ垂直伝播するとなると、きわめて稀なケースといえるでしょう。

その意味で、チューブワームの共生バクテリアが「どこから来るのか」は実に興味深い問題なのです。

長沼メモ

- どちらにも利益のある「相利共生」をしている生物が、長く続く。
- 私たちはミトコンドリアのおかげで生きられ、ミトコンドリアは私たちのおかげで生きている。

生命現象の本質は卵子にある——卵子こそが主役

ところで、共生する生物が水平伝播ではなく、垂直伝播、つまり親から子へ遺伝することを不思議に感じる人もいるでしょう。遺伝子ならともかく、「別の生物」が親から子に受け継がれるのは、何となく釈然としないものがあります。親からもらった遺伝子で、別の生物を作れるとは思えません。

これが分裂によって増殖する単細胞生物なら、とくに不思議は感じないでしょう。ほかの微生物が侵入した細胞が分裂すれば、その微生物を含めてまったく同じ構造を持つ個体が2つできる。どちらが「親」かは区別できませんが、侵入した微生物が「次代」に継承されることは間違いありません。

一方、人間のような有性生殖を行う動物の場合、父親と母親から半分ずつ遺伝子を受け継ぎます。したがって、親と子がまったく同じ構造を持つことはない。それなのに細胞内に共生する微生物が引き継がれるとなると、それは不思議に思えるわけです。

しかし、親から子へ受け継がれるもののうち、何が本当に受け継がれるのかというと、それは「卵子」だと考えれば、これはそんなに不思議なことではありません。

人体は、もともと1個の受精卵でした。それが2個、4個、8個……と分割することで皮膚や骨や内臓などさまざまな器官になるわけですが、その個体が女性の場合、卵巣内の卵子も、もともとは受精卵です。母親の受精卵が分割して作られた細胞の中には、受精後3週間ほどで「始原生殖細胞」ができ、胎児期20週までに卵子のもと（卵祖細胞）ができています。約500万個の卵祖細胞からずっと少ない数の卵子ができます。この胎児が赤ちゃんになり、成長して大人になると、どれかの卵子が受精するかもしれません。これは新たな受精卵となり、ゆくゆくは孫世代の卵子として受け継がれるでしょう。これは、単細胞生物が分裂して増殖する様子とよく似ています。

もちろん、受精卵には父親の遺伝子も入っているので、母の卵子と子の卵子はまったく同じではありません。しかし、そうやって**卵子が次代に継承されていくのであれば、そこに入り込んだ生物がそのまま遺伝するのも当然**でしょう。実際、ミトコンドリアはすべて母親から受け継ぎます。男性も女性も、細胞内にあるミトコンドリアはみんな母親の卵子からもらい受けているのです。

しかも**最近は、卵子が分割を始めるのに必要なのは「刺激」であって、それを与えるのは必ずしも精子でなくてもかまわないことがわかりつつあります。**東京農業大学などの研究グループは、マウスの卵子に刺激を与えて母胎に戻し、そこから親とまったく同じゲノムを持つメスの個体を作ることにも成功しました。「単為発生」もしくは「単為生殖」と呼ばれる現象です。

生まれたメスの卵子に同じことをくり返せば、「孫娘」も最初の個体と同じゲノムを持っているでしょう。この作業を延々と重ねれば、同じ卵子が世代ごとに体を乗り換えながら永遠に生き続けているのと同じことになります。

現実の自然界では、オスの遺伝子が混ざるので、そんなことは起きません。でも、**精子の参加によって姿を変えるとはいえ、次代に継承される生命の本質は卵子**だということもできるでしょう。主役は卵子であって、それ以外のものは卵子が代々継承されるための手段にすぎない。そんなふうに考えることもできるのです。

長沼メモ 男も女も、母親の卵子から遺伝子を受け継いでいる。生命の主役は「卵子」だと考えてみる。

チョウチンアンコウの「小さなオス」の哀しい運命

だとすると、オスとは一体何なのか。

私は自分が男なので、こんなことを言うのはやや寂しくもあるのですが、**卵子が主役なら、オスは脇役もいいところ**です。有性生殖のほうが多様性が高まるので生き残りやすいのはたしかでしょうし、卵子の分割には刺激が必要なので、オスがまったくの役立たずというわけではありません。しかし理屈の上では、卵子が生き続けるために絶対にオスが必要ということはない。「不要」は言いすぎですが、立場はかなり弱いといえるでしょう。

実際、そんなオスの悲哀を感じさせる動物は少なくありません。とくに深海魚によく見られるのですが、メスと比べてオスの体が極端に小さい生物種があります。「矮雄《わいゆう》」と呼ばれており、決して珍しいものではありません。

たとえば、体の小さいうちはオスで、成長して大きくなるとメスになる魚がいます。したがって、すべてのカップルがいわば「姐《あね》さん女房」のようなもの。男はみんな若いツバメとして熟女のマダムに仕えるわけです。自分が大人になったら、こんどは若い女の子を相手にしたいところですが、そのときは性転換してメスになっているので、そうはいきません。熟女マダムとして、若いオスを相手にするわけです（まあ、それはそれでハッピーなのかもしれませんが）。

しかも、このような「矮雄」はそれほど珍しいものではありません。矮雄の深海魚の中でもとくに変わっているのは、チョウチンアンコウの仲間です。

チョウチンアンコウやその仲間のオスの体は、メスの体の10分の1程度にしかなりません。それだけなら単なる矮雄ですが、ミツクリエナガチョウチンアンコウのオスはとくに哀れに思えます。生殖のとき、小さなオスは、メスを見つけるとその腹部に齧《かじ》りつき、しっかりとしがみつきます。そうすると、メスから栄養がもらえるからです。ここまではチョウチンアンコウも同じですが、長い名前のミツクリエナガチョウチンアンコウはここからが違います。このオスはそのままメスの腹部に「固定」され、メスと一体化してしまうのです。

いったんメスに食いついたら、もう「彼」に自由はありません。それ以降、オスはメスの皮膚から伸びた血管から栄養を得ます。自力で泳ぐ必要がないので、目やヒレなどが次第に退化。**最後まで残るのは、生殖に不可欠な精巣だけ**です。もちろん、最終的にはその精巣もメスの体内に取り込まれる。要するに、生殖の終了と同時に、オスはメスと融合し、消えてなくなってしまうのです。

これはもう、ただの「泳ぐ精巣」として生まれてきたようなものでしょう。ならば「独身」を通せば自由に生きられると思うでしょうが、そうはいきません。メスに噛みつかないオスは、放っておくと死んでしまうのです。同じ死ぬなら、せめて自分の遺伝子を残したほうがいいでしょう。

しかし、メスに噛みついたからといって、必ず子孫を残せるともかぎりません。メスの腹には、同時に何匹ものオスが噛みつくこともあるからです。あまりに体格の差があり、たくさん群がっているので、発見された当初はそれがオスだと思われず、寄生虫ではないかと考えられたほどでした。

そこで生殖できるかどうかは、基本的には早い者勝ちでしょう。後から噛みついたオスは、自分の子孫を残すこともできず、ただメスの体に溶け込むようにして生涯を終えるのです。これでは「泳ぐ精巣」どころか、その存在感は卵子に群がる精子のひとつと大差ありません。

長沼メモ
「小さいうちはオスで成長するとメスになる魚」や「受精したらそのまま、メスの体に取り込まれて消滅するオス」など、自然界では圧倒的にメスが強いことを、深海生物から学んだ。

戦争中心社会では「オス」が優位になるのはなぜか

オスに感情移入すると哀しい気分になりますが、卵子が生命現象の主役なのだとすれば、こうした「矮雄」は実に合理的な仕組みだといえるでしょう。単純な話、体の大きい個体のほうが、大きな卵子をたくさん持つことができるからです。一方、精子は卵子の1000分の1程度しかないので、小さなオスの体でもたくさん持つことができる。**卵子と精子のサイズを考えれば、「矮雄」のほうがむしろ自然**だともいえるのです。

そんなわけで、そもそも卵子と精子のサイズがこれほど違うことから考えても、自然界におけるメスとオスの関係は決して対等なものではありません。基本的には、**自然界にお**

いては「卵子中心社会＝メス社会」なのだと考えていいでしょう。

だとすると、不思議なのがわれわれ人間の社会です。なぜか、どちらかというとオス＝男性が有利な社会になっている。たとえば江戸時代や明治時代の日本では、「家」を長男が継ぐことになっていました。生物学的には卵子が脈々と受け継がれているのに、「女系」ではなく「男系」が当たり前のように重視されていたのです。

これはあくまでも私見ですが、ヒト科（オランウータン、ゴリラ、チンパンジー、ボノボ、ヒト）は、オスは体格や体力でメスに勝っていて、集団（社会）のあり方は父系がメインです。しかし、ある子供の親が誰かというと、確かなのは母親だけで、誰が父親なのかは本当のところ「生みの母」にもわからないことすらあるそうです。結局、母しかはっきりしないので母系集団になりそうなところですが、そうはならないのがヒト科の謎です。

一方、オスのほうは、この子の父が自分なのかどうか不安で仕方ありません。そこで、この子の父親は自分でしかあり得ないというガチッとした仕組み（序列や決まり）を作るべく、集団を改造したのでしょう。ともすれば乱婚になりがちな集団を「制度」でガチガチに固めて「集団から社会」を作ったのではないかと。したがって、ヒト科の社会はそもそもオスのためのものであり、父系になるものなのだ、と私は思うのです。

もちろん、さまざまな社会の中には、女系の家族制度を持つものもあるでしょう。男性はあまり活躍せず、女性が社会で中心的な役割を担う文化も存在します。

日本でも、昔の富山県あたりはそんな雰囲気がありました。たとえば大正7（1918）年7月に富山で発生した「米騒動」は「女一揆」とも言われたほど、地元のおかみさんたちが起こした事件です。女にとっては御飯を炊く米がない切羽詰まった状況なのに、男どもはのんびりと縁側で煙草を吸っていたといいます。

もともと富山は、男たちが昼間から仕事もせずに酒を飲みながら将棋を指していても文句を言われないようなお国柄。米の値段が高騰しても、男たちはのんびりしたものだったのかもしれません。しかし女たちは、そんな旦那に食わせる米を手に入れようと奮闘し、役所に乗り込んだり米蔵を襲ったりした。もちろん笑い事にできるような事件ではありませんが、男たちが起こす暴動と比べると、流血を伴う暴力的なイメージはありません。富山県は都道府県別の「幸福度ランキング」で常に上位に入るのですが、その背景には、こういう「女性上位」の風土もあるのかもしれません。

でも、たとえば、近代〜現代の日本を眺めると、女性がよく働く社会は、どちらかというと経済的な繁栄は小さい。繁栄しているのは、男性が頑張っているように見える社会、いや、男性が偉いと思い込み、女性にもそう思わせている社会のほうでしょう。これは、なぜなのか。

私は、「戦争中心社会」だからだと思います。

人間の世の中で経済的な成功や繁栄を手に入れようと思ったら、競争に勝たなければなりません。競争にもいろいろなステージやレベルがありますが、その根っこにあるのは戦闘でしょう。太古から、人間社会では戦争に強い国や文明が生き残り、成功と繁栄を手にしてきました。現在も、基本的には変わりません。国際的な交渉事でも、最終的にはそれぞれが持っている戦闘力、すなわち軍事力の強さが物を言うのが人間社会です。

そのような社会では、やはり力の強い者が優位になるでしょう。だから人間社会では、**男性中心の国や文明が成功しやすくなった。**でも、**成功しやすいからといって、このまま男性中心の社会を続けるべきだとは私は思いません。**戦争中心社会での成功を求め続ければ、それによって**人類そのものが滅びる可能性もある。**目の前の「成功」を求めた結果、それを積み重ねた先に取り返しのつかない「失敗」が待っているのだとしたら、これほどバカげたことはありません。

長沼メモ　人間社会と自然界では、「オス」「メス」の立場がこんなにも違う。

「無益な同胞殺し」をするチンパンジーやイルカ

ただ、人類が戦争中心社会を作ったのは、進化の結果であるとも考えられます。闘争的な遺伝子を持つ個体が環境に適応して生き残りやすかったのだとすれば、それはそれで生物学的にも「自然」な結果なのかもしれません。

また、闘争的な性質は、人類がやはり進化の過程で獲得した「知能」と裏腹なものだという見方をする人もいます。**知能が発達するためには、「騙す」「出し抜く」「裏切る」「いじめる」といったスキルが不可欠だという考え方がある**のです。あまり気分のいい話ではありませんが、「なるほど」と思う人は多いでしょう。頭の悪い人は、詐欺師になれませんし（なっても成功しません）。

実際、知能の高い動物が奇妙な攻撃性を見せることがあります。たとえば、チンパンジーは類人猿の中でもとくに知能の高い動物ですが、実に凶暴なところがある。何のためなのかよくわからない、「無益な同胞殺し」をするのです。

1頭のメスを争ってオス同士が殺し合うといったことなら、まだ理解できます。また、メスのサルが、ボスがほかのメスに産ませた赤ん坊を殺して、次は自分がボスの子を産もうと画策することもあるでしょう。

でもチンパンジーの殺害行為は、そういうことではありません。たとえば、数頭でパトロールに出かけて、群れに属していない「離れザル」を発見すると、寄ってたかって殴る蹴るの暴行を加えて殺してしまうのです。「離れザル」が群れにとって脅威になる存在というわけでもありません。ほぼ「いじめ殺人」に近いような、まったく無益な行動です。

やはり知能が高いといわれるイルカも、これに似た行動を取ることがあります。イルカは哺乳類なので水面に上がらないと呼吸ができませんが、ターゲットになったイルカはそれを邪魔される。何頭ものイルカがその上に乗って浮上を阻止し、集団リンチのように窒息死させてしまうのです。

こういう**無益な同胞殺しは、知能の高さと相関関係がある**ように思えてなりません。実際、ボノボというサルはチンパンジーのような凶暴性が少なく、ひじょうに平和的な性質を持っているのですが、脳の容量はチンパンジーよりも小さく、したがって知能も低い。無益な同胞殺しをしないのは、そのせいかもしれないのです。

だとすれば、チンパンジーよりも高度な知能を持つわれわれ人類が、チンパンジーよりも凶暴な性質を持つのも不思議ではありません。**人類の歴史を振り返ると、その凶暴で好戦的な性質が、ホモ・サピエンスを生き残らせた可能性がある**のです。

長沼メモ 「殺し」は知能の高さが引き起こす!?

ネアンデルタール人は寒さに強かった？

チンパンジーとの共通祖先から分岐した「猿人」と呼ばれるわれわれの祖先は、およそ600万年前に登場したと考えられています。それが、どのようなプロセスで現在のホモ・サピエンスに進化したのか。かつては、猿人が「原人」（ジャワ原人や北京原人など）になり、原人が「旧人」（ネアンデルタール人）になり、そこから「新人」であるホモ・サピエンスが進化したと考えられていました。ちなみに「原人」以降は、「ホモ属」と総称されます。

しかし現在の人類学では、この見方は主流ではありません。「旧人」から「新人」へ進化したのではないことがわかっています。ネアンデルタール人（ホモ・ネアンデルターレンシス）とホモ・サピエンスは、同じ祖先から枝分かれした同胞種（兄弟種）でした。にもかかわらず、**ネアンデルタール人は４万〜３万年ほど前に絶滅し、ホモ・サピエンスだけが現生人類として今も生き残っている**のです。

われわれの祖先とネアンデルタール人は、別々の場所で離ればなれに暮らしていたのではありません。その証拠に、現在のわれわれのゲノム（遺伝子の総体）にはネアンデルタール人の遺伝子もわずかに含まれている。つまり、両者は交雑をしていたのです。

いささか話は逸れますが、われわれ東アジア人の遺伝子は、約３％がネアンデルタール人由来のもの。それに対して、ヨーロッパ人は約４％がネアンデルタール人由来という差があります。

では、この差によって、どんな違いが生じるのか。そのひとつが「寒さへの耐性」ではないかと考えられています。私は、ヨーロッパの人たちが寒さに強いことを、南極で実感しました。一緒に調査をしていると、明らかに彼らのほうが寒さに強い。日常生活でも、日本人は快適な室温を25度ぐらいと思うようですが、ヨーロッパ人は20度がふつうのようです。だからヨーロッパから日本に来た人たちは、日本の高湿度と合わせて「日本は蒸し暑い（hot and humid）」と文句を言うことが多いのです。

この体質の違いは、ひとつには体で熱を発生する「褐色脂肪細胞」の働きによるもの。われわれ東アジア人も赤ん坊の頃はそれが多いのですが（そのせいで体全体が赤みを帯びるのかもしれません）、白人の褐色脂肪細胞のほうが日本人よりも熱を発生しやすいのです。それは、ネアンデルタール人由来の遺伝子がそのまま保存されているからではないか、日本人ではその遺伝子が突然変異して熱を発生しにくくなったのではないか、と考えられるのです。

それがどのような遺伝子なのか、それがどのようにON／OFFされるのかは、まだよくわかっていません。とにかく、ネアンデルタール人の体では褐色脂肪細胞の遺伝子がよく発現しよく働いていたとしたら、ネアンデルタール人はホモ・サピエンスよりも寒さに強い体質を持っていたことでしょう。ホモ属は北半球が氷河期を迎えた頃に出現したので、もともと寒冷化した環境に適応しているのだと考えられますが、その中でもネアンデルタール人は寒さへの適応度が高かった可能性があります。

長沼メモ　「猿人」→「原人」→「旧人（ネアンデルタール人）」→「新人（ホモ・サピエンス）」へ進化したというのは間違い。

ホモ・サピエンスとネアンデルタール人の明らかな差は「言語能力」

地球のいちばん最近に終わった氷期（最終氷期）は、およそ1万年前まで続きました。ですから、ネアンデルタール人が寒さに強かったのだとすると、4万〜3万年前に絶滅したのは理屈が合いません。その適応度だけに注目すれば、むしろ耐寒性で劣るホモ・サピエンスのほうが滅んでもおかしくはないでしょう。

しかしネアンデルタール人には、ホモ・サピエンスより不利な面もありました。それは、言語能力です。

言葉を喋るのがわれわれヒトの大きな特徴であることは、言うまでもありません。文明を発達させる上では、そのコミュニケーション能力が不可欠でした。

その言語能力には、FOXP2という遺伝子が関わっていることがわかっています。チンパンジーにもこの遺伝子はあるのですが、ヒトのFOXP2と比較すると、アミノ酸が2つほど別のアミノ酸に置き換わっている。そのせいで、チンパンジーがヒトのような言語能力を獲得するのは難しいだろうと考えられています。

ネアンデルタール人の場合、FOXP2遺伝子そのものは、ホモ・サピエンスと少しも変わりません。その点では、同じように喋ることができてもおかしくない。しかし、そのための遺伝子はあっても、スイッチがONにならなければ機能しません。そして、どうやらネアンデルタール人は、FOXP2のスイッチが入らなかったようなのです。

そのスイッチがOFFのままだと、細かい発音ができないので、われわれが喋るような文節言語を使うことはできません。ただしネアンデルタール人も発声はできたので、「アー」「ウー」といった形で喋ることはできたでしょう。よく「ネアンデルタール人は歌うように喋った」などといわれるのは、そういうことです。

言語は思考のツールでもありますから、その能力が低ければ、論理性なども弱くなるでしょう。すると、たとえば道具を作る能力もあまり高まらない。事実、同じ時代に作られた道具を比較すると、われわれの祖先のほうがネアンデルタール人よりも進歩した、少なくともネアンデルタール人より劣ってはいない石器を作っています。

ただ、すべてにおいてネアンデルタール人が劣っていたわけではないでしょう。体格は大きかったので、狩猟はホモ・サピエンスよりも得意だったかもしれません。一方、われわれの祖先は最終的に農耕生活のほうに進みました。

数万年前、そんな「2つの人類」のあいだに、どんな確執があったのか。それは想像するしかありませんが、知能の高いホモ・サピエンスが好戦的で凶暴だったとすれば、ネアンデルタール人を差別し、迫害した可能性はあるでしょう。もっとはっきり言えば、食糧などの資源をめぐる争いの中で虐殺してしまった、そんな悪夢のようなことを私はおそれています。ホモ・サピエンスがネアンデルタール人を絶滅に追い込んだ……とまでは言わないまでも、その一端を担った可能性は十分にあると思うのです。

長沼メモ ネアンデルタール人を駆逐して、ホモ・サピエンスが生き残ったのは、言語能力が発達したからだ。

「カインとアベル」の物語に潜む太古の記憶

もしかしたら、そんな祖先たちの記憶は、今もわれわれの深層心理の中に残っているのではないでしょうか。

たとえば、旧約聖書の「創世記」に登場する、カインとアベルの物語。この2人は、アダムとイブがエデンの園を追われた後に生まれた兄弟です。兄のカインは農耕、弟のアベルは羊の放牧をしていました。そこで神にそれぞれの収穫物を捧げたところ、神はアベルの供物である羊の肉を喜び、カインの農産物には目もくれない。これを恨んだカインは弟のアベルを殺してしまった——というお話です。
これは一般的に**「人類最初の殺人」**とされていますが、カインをホモ・サピエンス、アベルをネアンデルタール人だと考えても、辻褄《つじつま》が合います。カインは農耕民ですし、殺害に使用した凶器は金属製の鎌でした。また、もともとカインは「鍛冶屋」「鋳造者」を意味するヘブライ語で、事件によって追放された後のカインを金属加工技術者の祖とする解釈もあるとのこと。ネアンデルタール人よりも高い技術を持っていたホモ・サピエンスにふさわしい感じがします。
そんなふうに考えると、われわれの**祖先たちが先に進化していたネアンデルタール人を殺してしまったことの記憶**が、この話の根底に息づいていたとしても不思議はありません。もちろん証明することなどできませんが、私には、そんな気がしてならないのです。
また、さらに突飛な話をさせてもらうなら、永井豪さんの『デビルマン』を読んだときにも、私は同じ「記憶」の存在を感じました。あの漫画は、かつて神との戦いに勝利して氷眠した「先住人類」のデーモン族が復活して、人間界を滅ぼそうとする物語です（そのデーモンたちを裏切って人間を守るために戦うのが主人公のデビルマン）。かつて地球を支配したデーモン族が氷眠を破り、後参者のくせに地球を支配している人間を襲うところから、物語は始まります。

これは調べてみないとわかりませんが、もしかすると、「氷河に閉じ込められた悪魔」というイメージは人類全体に共有されているのではないでしょうか。もちろん『デビルマン』は永井さんの想像力の賜物ですが、同じような設定はほかにもあるかもしれません。

そう思うのは、**ネアンデルタール人が「ヒトよりも先に進化した人類」であった上に、「寒さに強い人類」**だったと考えられるからです。そうだとすれば、われわれの祖先に迫害されたネアンデルタール人は、ホモ・サピエンスが暮らすことのできない山奥の氷河などに逃げ込んだ可能性があるでしょう。その結果、われわれの先祖の頭には、「氷河の奥には自分たちが追い込んだ種族の末裔《まつえい》が生き残っている」という記憶が刻まれた。その名残が「氷河に閉じ込められた悪魔」のイメージではないのかと思うのです。

長沼メモ 人類に共通の〝記憶〟が、すべての人の脳に刻まれている⁉

ペンギンはなぜ低体温症にならないのか

そして、ネアンデルタール人は本当に氷河の中で生き残っているかもしれません。ヒマラヤ山脈のイエティやロッキー山脈のビッグフット、ロシアのコーカサス地方やモンゴルなどで目撃談のあるアルマスなど、いわゆる「雪男」の話を見聞きするたびに、私はネアンデルタール人のことを思い出します。もし**雪男が本当に存在するなら、それは４万～３万年前に氷河へ追いやられたネアンデルタール人の末裔である可能性はある**でしょう。

仮にそうだとすると、その存在はわれわれホモ・サピエンスの未来を変えるヒントを与えてくれるかもしれません。というのも、地球はいずれ再び氷期を迎えることが確実視されているからです。

今はむしろ「温暖化」が懸念されていますが、これは人類を滅ぼすほどのインパクトはないでしょう。しかし寒冷化は本当におそろしい。**氷期の到来は、人類にとって絶滅の危機にもなり得るレベルの脅威**です。もしネアンデルタール人が氷河地帯で何万年も生き延びているのだとすれば、氷期を乗り切るための戦略が見えてくるかもしれません。

その戦略の話をする前に、唐突ですが、南極にいるペンギンの話をしましょう。ペンギンは、当たり前ですが「素足」で雪や氷の上に立っています。それなのに、しもやけになることもない。人間が同じことをすれば、しもやけどころの騒ぎではありません。長時間、素足で氷の上に立っていれば、やがて足裏で冷やされた血液が全身にめぐり、低体温症で死んでしまうでしょう。

では、ペンギンはどうして低体温症にならないのか。その秘密は、「奇網《きもう》」という血管のシステムにあります。ペンギンの脚では動脈と静脈がからみ合っていて、足元から静脈を通じて流れてくる冷たい血液を、温かい動脈との熱交換によって温めている。だから、体温が低くならないのです。

ペンギンは脚が短いので温める距離や時間が少ないのではないかと思うでしょうが、これは大いなる勘違い。たしかに外見上は短いペンギンの脚ですが、実は腹の中に長い「脛《すね》」が隠れています。もちろん、そこには「膝」もある。ペンギンはおなかの中で膝を直角に曲げ、筋トレでよくやる「空気椅子」のような恰好で歩いているのです。実際に「空気椅子」の状態で歩いてみれば、ペンギンがなぜあのようなヨチヨチした歩き方になるのか、よくわかるでしょう。その長い脛のおかげで、冷えた血液を奇網によって温めることができるのです。

奇網を持つ動物はペンギンだけではありません。サメ、イルカ、アヒルなどにも、同じような仕組みがあります。人間にはありませんが、もし**奇網ができるように進化を遂げることができたとしたら、来るべき氷期を生き延びるひとつの方法になり得る**でしょう。

そこで注目されるのが「**氷河の民**」、**ネアンデルタール人**です。寒冷な環境で何万年も生き延びたのだとすれば、彼らには奇網を作る遺伝子があったかもしれません。あるいは、われわれホモ・サピエンスにもそれはあるのに、（言語能力のFOXP2遺伝子とは逆に）奇網遺伝子を機能させるスイッチがネアンデルタール人だけONになっている可能性もあるでしょう。奇網だけでなくほかにもいろいろな「寒冷地対策」があり、それに応じた遺伝子もあり得ます。いずれにしろ、「雪男」のゲノムを分析してわれわれのゲノムと比較すれば、氷期に向けた進化の道筋がわかるかもしれないのです。

長沼メモ　雪男はネアンデルタール人の末裔!?

人類の知能は「目的のある進化」を可能にした

今の話を聞いて、こんな疑問を抱いた人もいるでしょう。

「進化に目的はなく、偶然の突然変異によるのであれば、たとえ氷期を生き延びる進化の道筋がわかったところで、手の打ちようがないのでは？」

実にごもっともな話です。キリンは、高い木の葉を食べるために首を長く伸ばしたわけではありません。たまたま首が長くなったのが、いわば「結果オーライ」で環境に適応しただけです。単に運がよかっただけではなく、適応するための努力や工夫もあったはずですが、目的を持って進化したわけではありません。

だとすれば、ネアンデルタール人の奇網遺伝子やそのスイッチを入れる仕組みがわかっても、自分たちをその方向に進化させることはできそうもありません。たまたま突然変異で奇網を持った個体が登場すれば、その人たちが氷期に適応して生き残りやすくなることはあるでしょう。でも、それはわれわれがネアンデルタール人の遺伝子のことを知らなくても、放っておけば自然に起きることです。

しかし、これまで生物界で起きてきた進化と、今後のわれわれの進化は、必ずしも同じではありません。**この発達した知能をもってすれば、偶然に頼るだけではない、「目的を持った進化」は十分に可能**です。

事実、すでに人類は農作物や家畜やペットなどの生物を、さまざまな形に「品種改良」してきました。突然変異を起こさせるわけではありませんが、ある意味で、「目的を持った進化」を実現しているといえるでしょう。

もっとも、これを人間自身に行うのは、きわめて危うい面があります。かつてヒトラーのナチスが持っていた優生学的思想がそうだったように、誰かが一方的に「劣っている」と決めつけた種類の人々を遺伝的に排除するような差別的なものになりかねません。人権を無視するような操作は、断じて慎むべきです。

しかし、**もし誰にとってもよい方向で、しかも人類を絶滅から救えるような進化が可能なのであれば、意図的に行うのも決して悪いこととはいえない**でしょう。氷期対策だけではありません。前述したとおり、人間は（次の氷期が訪れる前に）戦争で自滅してしまうおそれもある。この高度な知能を維持しながら、好戦的な性質を穏やかなものに変えることができれば、そのリスクを下げることができるのではないでしょうか。

それに、生物学の分野では、現在、進化の仕組みについての考え方が大きく変わろうとしています。従来のダーウィニズムでは、個体の形質を変えるのは偶然の突然変異だけでした。もちろん、生まれた後も個体の形質は変化しますが、それは子に遺伝しません。ラマルクの考えた「獲得形質の遺伝」による進化は否定されていたのです。だからこそ、目的を持った進化はできないと見られていました。

ところが今は、**後天的に得た形質が遺伝子を通して次世代に継承される可能性があることがわかっています。**ラマルクの主張したものと同じではありませんが、ある意味での

「獲得形質の遺伝」はまったくないわけではない。つまり、「目的を持った進化」を起こせる可能性が十分にあるのです。

長沼メモ これまでの「偶然に頼るだけの進化」から、これからは、進化をコントロールできる時代に。

ヒトの脳が誕生後も成長するのは、ウイルスの仕業!

その可能性のひとつは、「ウイルス」によって開かれました。

すでにお話ししたとおり、**ヒトゲノムの中で遺伝子として機能しているのは2%程度で、残りの98%の半分はウイルスであること**がわかっています。もう少し正確にいうと、これはいわゆる「レトロウイルス」のようなもの。レトロウイルスとは、遺伝物質としてRNAを持ち、感染した宿主の細胞内で逆転写によってDNAを合成するウイルスの総称です。具体的には、白血病ウイルスや乳がんウイルスなどがレトロウイルスの仲間。ヒトゲノムの大部分を占めるのは、それに似たウイルスです。

専門的なことはともかく、その「レトロウイルスもどき」が長い人類史の中で何度も何度もヒトゲノムに侵入してきた結果、ヒトゲノムの中でそれだけ多くの部分を占めるようになりました。そして実はこのウイルスが、ヒトの進化をかなりドライブしたのではないかと考えられています。

たとえば**サルとヒトは遺伝子（ヒトゲノム全体の2％に当たる部分）が99％まで同じなのに、形質は大きく異なります。**それは、おそらく遺伝子のスイッチを入れる部分が違うからでしょう。ウイルスが入り込んだのは、そのスイッチングの部分にほかなりません。スイッチのON／OFFを、外から入ってきたウイルスがコントロールしたのだとすれば、ただの突然変異だけでは起こり得ないような違いがサルとヒトとのあいだに生じても、不思議ではない。卵子がウイルスに感染することでその変化が生じたのだとすると、これは遺伝子そのものの突然変異ではなく、後天的に得られた形質です。それが（あたかもミトコンドリアが遺伝するのと同じように）次世代に受け継がれるのですから、「獲得形質の遺伝」と呼んで差し支えないでしょう。

たとえばチンパンジーとわれわれのゲノムを比較すると、おそらくはウイルスの仕業によって、ヒトにはごっそりと欠落している部分があります。そのせいで、ヒトはチンパンジーよりも免疫的に劣る面があるのですが、これは脳の成長にも関連していると考えられています。チンパンジーの脳は出生と同時にほぼ成長が止まりますが、ヒトの脳はそのゲノムが欠落していることによって、生まれた後も大きくなるし、神経細胞の数も増え続ける。だとすれば、**ウイルスはまさに人類が人類であるためにもっとも重要な部分の進化を担ったことになる**でしょう。

また、先ほど紹介した言語能力を左右する遺伝子のON／OFFも、おそらくはウイルスによってコントロールされました。FOXP2遺伝子のスイッチがONになってヒトが文節言語を話せるようになったのも、それがOFFになったネアンデルタール人が歌うようにしか話せなかったのも、ウイルスの仕業だと考えられるのです。

ヒトゲノムに対してウイルスがどのように関与しているのかは、まだわかっていません。しかし、いずれそれが解明されれば、後天的に遺伝子のスイッチをONからOFF、あるいはOFFからONに切り換えることもできるでしょう。そのとき、**われわれ人類は自らの進化の方向を意図的に選択することが可能になる**わけです。

長沼メモ

まだよく知られていない「ウイルス」が、ヒトがヒトであるための進化の担い手だ。

生きているあいだに、遺伝子は変化する？

さらに、その選択を可能にする要素はウイルスだけではありません。それに加えて、もうひとつ「獲得形質の遺伝」を実現する道筋があります。

「**エピジェネティクス（epigenetics）**」という言葉をご存知でしょうか。「遺伝学（genetics）」に、「上」「超」「外」などを意味する接頭語「epi-」をつけたもので、現在の生物学ではこれが一種の流行語のようになっています。

専門的に説明すると「DNA塩基配列の変化を伴わない細胞分裂後も継承される遺伝子発現あるいは細胞表現型の変化を研究する学問領域」といった難しい話になってしまうのですが、簡単に言うと、**われわれの遺伝子は生きているあいだに発現パターンのON／OFFが変わる**ということ。そういう現象を研究する学問領域が、エピジェネティクスです。

遺伝子の発現パターンが後天的に変わるかどうかを調べるには、一卵性双生児を研究対象にするのがいちばん手っ取り早いでしょう。まず一卵性双生児の遺伝子型（ゲノム型）はまったく同じです。その遺伝子のON／OFFも、生まれたときはまったく同じパターンです。それが、別々の生き方をすることによって変わるかどうか。これは、子供の頃のゲノムと大人になってからのゲノムを比較すればわかります。

それを調べてみたところ、明らかに変化があることがわかりました。３歳の一卵性双生児の細胞を採取して遺伝子のＯＮ／ＯＦＦを記録し、２人が50歳になったときの細胞と比較したところ、子供のときはきわめて似通っていたものが、大人になってからはまるで別人のようになっていたのです。

その変化をもたらす要因は、食生活の違い、ストレスの種類や多寡、そのほか生活習慣や住環境の差など、いろいろあるでしょう。もちろん、同じ遺伝子を持って生まれた双子でも、「育ち」の違いによって性格や行動パターンなどが変わるのは当然だろうと誰もが感じると思います。いわゆる「生まれか育ちか」、英語でいうとNature or nurture? という問題は今では「生まれも育ちも」として理解されているのです。

ここで**「育ちも」の部分に「遺伝子発現パターンの変化」があるのは、きわめて重大なこと**。なぜなら、後天的に変わったＯＮ／ＯＦＦのスイッチは次世代に受け継がれる――つまり「獲得形質」が遺伝する場合もあるからです。

ウイルスの影響と同様、これも「ラマルクの亡霊」が蘇ったかのような話。「遺伝子の変異による進化」という意味では〝現代版ダーウィン進化論〟の範疇《はんちゅう》になりますが、かつて排除されたはずのラマルク主義も加味しなければ、進化論が成り立たなくなっているのです。

ただし勘違いされると困るのですが、エピジェネティクス的な獲得形質の遺伝は、「親が整形手術をすれば子もその姿で生まれる」といった単純な話ではありません。キリンの首が長くなったのは、ラマルクが想定したような獲得形質の遺伝ではなく、やはり偶然の突然変異と自然淘汰によるもの。遺伝子発現のスイッチングが後天的に変わるのはたしかですが、どのような環境要因によってどう変化するのか、具体的なことはまだ不明です。

しかしこれもウイルスによる影響と同様、今後の研究の進展によって、いろいろなことが明らかになるでしょう。これまでは「遺伝子で先天的に決まっている運命はどうしようもない」と考えられてきましたが、決してそんなことはない。生活環境や自分の生き方を選択することによって、それを変えられる可能性があるのです。

長沼メモ 同じ遺伝子を持つ双子なのに、歳を取るとどんどん差が現れるのは、「遺伝子発現パターンの変化」があるから。

ゲノムは生命の「楽譜」であり、これを「演奏」するのは、自分だ

よく、**ゲノムは生命の「設計図」に喩えられます。**たしかに、人体という「建築物」を作る上で、60兆個の細胞という「建築資材」がそれぞれどこで何の役割を担うかが書かれているという意味で、この比喩は適切だといえるでしょう。

ただ、「設計図」として見ただけでは、そこに介在する「時間」という要素が見えてきません。ゲノム全体の役割を考えるときは、人体を作り上げるまでに、どの遺伝子をどのタイミングで発現させるかも重要です。それを理解するには、作ろうとしているものをひとつの「楽曲」と考え、**ゲノムはその「楽譜」、遺伝子は個々の「楽器」と見なしたほうがいい**でしょう。

そう考えた場合、遺伝子発現のスイッチングに関わる部分は、指揮者やコンサートマスターのようなものです。ヒトゲノムの場合、それが98%を占めていて、2%の遺伝子がその指示に合わせて音を出す。そのタイミングはほぼ遺伝的に（つまり先天的に）決まっていますが、現在のエピジェネティックな見方によれば、生まれてからの環境に影響を受ける部分も少なからずあるわけです。

だとすれば、自分自身が指揮者のように振る舞って、書かれた「楽譜」の解釈を少し変

えて、あらかじめ決められたものとは異なる「演奏」をさせることも可能でしょう。スイッチングに環境や行動が影響を与えるなら、その環境や行動を自ら選べばよいのです。それによって変化したスイッチのON／OFFは、自分のゲノムに刻まれる。もし生殖細胞にもそれが刻まれれば、**「自分で選んだ自分」の形質を子孫に継承させることもできます。**

ただし残念ながら、女性の場合は限定された個数の卵子が早い段階で作られているので、エピジェネティックな変化をそこに書き込むのは難しいでしょう。しかし男性の場合、何歳になっても新しい精子が作られます。もしかしたら、貧しくて苦労していた若い頃の精子と、仕事で大成功を収めた70歳、80歳の精子とでは、エピジェネティックな違いがあるかもしれません。**歳を取ってから作った子供には、若い頃に作った子供にはない「成功者としての獲得形質」が遺伝する可能性もある**のです（そもそも人生における「成功」とは何か？ それについては第三章で述べました）。

もちろん、私は今、かなり極端な話をしています。でも、まったく現実離れした話というわけでもない。ヒトゲノムの研究が進んだことで、この10年のあいだに、生物の進化をめぐる考え方はここまで大きく変わってきました。その急速な進展は、「革命的」と言っても決して過言ではありません。

そして人類の高度な知能は、こういう新しい発見をすることだけに使われるものではないでしょう。新たに得られた知見を踏まえた上で、それを自分たちの将来にどう生かすのか。**人類の幸福のために、自分たちをどのように進化させるのか（あるいはさせないのか）という問題が突きつけられようとしている**のです。

長沼メモ 人一人が生きる過程で、ちゃんとゲノムレベルで変化し、「進化」している。

人類は「愛情遺伝子」を持っている

あらゆる生物種の未来には、「絶滅する」か「進化する」かの2つの道しかありません。ですからわれわれホモ・サピエンスも、絶滅さえしなければ、放っておいても何らかの形で進化を遂げるでしょう。しかし、その前に絶滅してしまうおそれもあります。もしそれを避けることのできる進化が可能なのであれば、自らの手で行わなければいけません。

そこで目を向けるべき問題のひとつは、やはり**ホモ・サピエンスの持つ凶暴性**だと思います。**「戦争中心社会」を平和なものに転換させるのは、人類をより長く存続させるための重要な選択肢**のひとつでしょう。

そもそも、ホモ・サピエンスは遺伝的にひたすら凶暴な性質だけを持ち合わせているわけではありません。単に好戦的で凶暴なだけだったとしたら、とっくの昔に殺し合って滅びていたはずです。しかし、そうはなりませんでした。いたずらに競争し、他人を裏切ったりいじめたり騙したりするばかりではなく、むしろ**他人と協力し、お互いに助け合いながら生きてきたからこそ、ホモ・サピエンスは今日の繁栄を手にした**のでしょう。

そういう人間の性質には、遺伝子的な背景もあります。他者との「協調」を促すホルモンを分泌させる遺伝子が存在するのです。広い意味では、「協調性遺伝子」もしくは「愛情遺伝子」と呼んでもかまわないでしょう。

たとえば、オキシトシンというホルモンがあります。生殖や出産に関連するもので、女性ホルモンのひとつです。でも、これは、ヒトの女性に特有のホルモンではありません。もともと、魚類が海水環境と体液のあいだで塩分のバランスを取るために必要だったのがオキシトシンというホルモンです。

もともと「水」や「塩分」に関わるホルモンだったので、生物が陸上に進出すると、このオキシトシンは排尿に関わるようになりました。さらに、排尿器官と生殖器が近い存在であることから、オキシトシンは生殖関連ホルモンになっていきます。

哺乳類が登場すると、やはり「水」まわりのホルモンということで、オキシトシンは授乳にも関わるようになりました。幼子《おさなご》に乳を与える慈母のホルモンといってもよいでしょう。

この慈母ホルモンともいえるオキシトシンは、脳内ホルモンとしても機能しています。**脳を「やさしいお母さん脳」にするホルモン**なのです。このことはマウスを用いた実験でたしかめられています。オキシトシンが働かないように遺伝子操作された実験用のマウスは、ふつうのマウスと比べて、協調性行動や愛着性行動が乏しくなってしまうのです。

授乳という行為はスキンシップを伴いますから、それを司るホルモンが協調や愛着の必要な行動にも関与することは、十分にあり得るでしょう。ですから、そのオキシトシンそのものやオキシトシンのレセプター（受容体）を作る遺伝子のことを「協調性遺伝子」あるいは「愛情遺伝子」だと考えていいだろうと思うのです。

長沼メモ 人類は知能の発達によって凶暴性を持つが、同時に愛情遺伝子も持っている。

世界の平和をコントロールできる「協調性遺伝子」を増やすには

魚類にもマウスにもオキシトシンはありますから、「無益な同胞殺し」をするチンパンジーやイルカも、当然この協調性遺伝子やオキシトシン受容体の遺伝子を持っています。しかし、そのスイッチがどのようなタイミングでONになるかは、種によって違うでしょう。「効き目」はそれによって変わります。もしかすると、チンパンジーは協調性遺伝子やオキシトシン受容体の遺伝子がONになっている時間が短く、平和的なボノボは長いのかもしれません。

また、スイッチの入り方は、同じ種の中でも個体差があるはずです。同じ人間でも、協調性遺伝子が活性化している個人もいれば、不活性な個人もいるでしょう。だとすれば、**協調性遺伝子が活発に機能する人が増えたほうが、社会は平和なものになりそうです。**

もちろん、放っておいても人類がそちらの方向に進化する可能性はあります。ダーウィニズムの観点からは、協調性遺伝子の働きが活発な人ほど子孫を残しやすい環境圧があれば、協調性に欠ける人は自然に淘汰されるでしょう。単純な話、**思いやりのない粗暴な人が異性にモテなくなれば、性淘汰によって協調性遺伝子の活発な人間が増える**わけです。

しかし現状でも、結婚して子供を持てるような人は、それなりに協調性行動や愛着性行動が取れる人でしょう。だからこそ人間社会は、お互いの協力によって発展してきたのだと思います。

とはいえ、それでも「戦争中心社会」であることに変わりはありません。その結果、生物は本来「卵子中心社会」になるはずなのに、人間の社会は男性中心文化のほうが成功しやすくなっている。これを根本的に変えようと思ったら、**協調性遺伝子がもっと大幅に活性化するような進化が必要ではないでしょうか。**

そんな進化をもたらすために、何をすればいいのかはまだわかりません。協調性遺伝子のスイッチングに関わるウイルスがあるかどうかもわかりませんし、環境の影響でエピジェネティックにそのON／OFFを切り換えられるかどうかも不明です。

でも、遺伝子のスイッチを後天的に切り換えることが可能で、その「獲得形質」が遺伝することがわかっている以上、協調性遺伝子の活性化を研究する価値は大いにあるでしょう。21世紀の生物学は、そういう領域に足を踏み入れたのです。

長沼メモ 戦争のない平和な世界は、遺伝子のコントロールで作ることができる⁉

終章　「動物」として生きるということ

人間にあって、そのほかの動物にはない「自意識」の影響力

われわれ人間は、人間をほかの動物とは違う特別な存在だと考えがちです。当然といえば当然でしょう。比較対象が同じ人間であっても、「自分だけは違う」「うちの子にかぎってそんなことはない」などと思いたがるのが人間です。

そういう自意識を持っているのも人間の特徴ですから、キリンやカエルやチューブワームなどと同じ土俵に上がっているとはなかなか思えないのでしょう。だからこそ、「人間の祖先はサルと同じ」とするダーウィンの進化論は、発表された当初、大きな反発を受けました。現在でも、学校の教科書に載せることを拒む人たちがいるぐらいです。

しかし**人間は、この自然界の中で決して特別な存在ではありません。**もちろん、人間にしかない特徴はいろいろありますが、キリンやカエルやチューブワームにだって、それぞれ独自の特徴はある。その多様性そのものが生物の特徴であって、人間もその多様性のひとつにすぎません。みんな、一本の「進化の樹」のどこかに位置づけられる存在です。

そうやって、**自分たち人間を「生き物」として見ることができるのが、生物学という学問の強み**だといえるでしょう。極地や深海や砂漠などの辺境で暮らす微生物も、0・2マ

イクロメートルの除菌フィルターを通り抜ける超微小バクテリアも、大柄なメスが小柄なオスを吸収してしまうミツクリエナガチョウチンアンコウも、この地球環境に適応して生き残っている生命現象という点では何も変わりがありません。そういう視点で見るからこそ、ほかの学問とは違う形で「人間とは何か」を理解することができるのです。

ここまで本書を読んでくださった方の中には、極端な生態を持つ辺境生物からも生き方を学ぶことに対して、もしかしたら違和感を抱いた向きもあるかもしれません。しかし一方で、「人間なんて、しょせん動物なんだよな」という思いを新たにして、ちょっと気が楽になった人もいるのではないでしょうか。

誰しも、「人間として立派な生き方をしたい」と願っていることだろうと思います。でも、そういう気持ちが強ければ強いほど、自分のダメさ加減やくだらなさに気づいて落ち込むこともある。私自身、人として「ちゃんと生きよう」と思ってはいるものの、それに疲れてくることもあります。酒場でクダを巻いて弱音を吐いたり愚痴をこぼしたりすることも少なくありません。

そんなときは、「まあ、そうは言っても、オレなんかただの動物だからな」と心の中で呟くと、悩み事などつまらないことだと思えたりします。**動物は、「キリンらしい立派な**

生き方をしよう」などとは考えません。生きるためには、そんなことよりもまず物を食べなければいけません。いや、食べる物さえあれば、とりあえずそれで十分です。仲間と違う体で生まれてきても、物を食べることに成功したからこそ、キリンはキリンとして進化し、生き残ることができました。

だから**われわれ人間も、まずは物が食べられれば、動物としては最低限ＯＫ**でしょう。「人はパンのみにて生きるにあらず」などと言いますが、これは人間を苦しめる間違った格言だと思います。生きていくためには、「パンのみ」でいい。せいぜい、「衣食足りて礼節を知る」ぐらいでよいのではないでしょうか。

たしかに、「パンのみ」をただ喰らうだけの生き方はあまり尊敬されないでしょう。それよりは、礼節を知っていたほうが「ちゃんと生きる」ことになるとは思います。

でも、**人間がそういう精神的な価値を求めるように進化したのも、偶然の結果**にすぎません。別に、誰かが崇高な目的意識を持ってそのような存在を作り上げたわけではない。**たまたま遺伝子のスイッチの加減で脳の成長が止まらなくなり、文節言語を話せる能力を持ち合わせたために、高度な精神活動を行うようになった**のです。

それだけのことだと考えれば、精神的な苦しさなど「動物にとっては余計なもの」と脇に置くことだってできるでしょう。もちろん、その精神活動のおかげで人間は楽しさや幸福感なども味わえるわけですが、そちらはそちらで「たまたまこんなふうになれてラッキー」とでも思って受け入れればよいのです。

長沼メモ われわれは、進化したおかげで精神的苦しみも楽しみも感じることができる。

自分の「動物的勘」に頼るなら、「頭」ではなく「腹」で判断する

そういえば、浅田次郎さんが新選組を描いた『一刀斎夢録』（文藝春秋）という作品に、こんな台詞がありました。

「人はみな、臭うて汚い糞袋じゃ。斬れば斬るほど世の中は片付く」

さんざん人を斬り殺してきた三番隊組長・斎藤一の言葉です。人を殺すことに対する免罪符のようなものでしょうが、そこには冷厳なリアリズムもある。実際に人間の腹部を斬り、そこに詰まっていた糞が出てくるのを見た人間でなければ言えない台詞です。

そして、これは生物学的にも決して間違っていません。**物を食べて生きる動物は、基本的には一本の消化管のようなもの。**受精卵が発生するプロセスを見ると、それがよくわか

ります。丸っこい受精卵が分割して少しずつ細胞ができていくのですが、何十個かに分割したあたりで、突然、穴が開き始める。それがやがて貫通して、一方が口になり、一方が肛門になるわけです。

その時点では顔も何もないので、どちらが口になるのかは、開いた順番で決まるだけのこと。それが細長くなったのが、動物の基本形です。**「生きるとはどういうことか」と問われても、２つの穴の一方から食べ物を入れて、もう一方から出すというだけの話**にしかなりません。口も肛門もないチューブワームは数少ない例外ですが、動物にとってはそれが生きるということなのです。

だから「パンのみ」でいいのですが、そうはいっても人間はいろいろと考え込む生き物ですから、悩んだり迷ったりすることはある。しかしそんなときこそ、頭であれこれ考えずに、「糞袋」の原点に立ち戻るのも悪くありません。自分はどうすべきなのかを、「腹」に聞いてみるのです。

たとえば何か人生の転機が訪れたとき、右に行くか左に行くかで迷ったとしましょう。右を選んだほうが安全で確実だけど、左の面白さも捨てがたい。会社から独立して起業する人など、そこで悩むケースが多いのではないでしょうか。結婚や離婚でも、似たような選択を迫られることがあるかもしれません。

こういう判断は、理屈だけではなかなか下せないものです。いくら比較検討しても、いわば馬券を買うようなものですから、「どっちもアリ」ということになってしまう。そうなったら、あとは**自分の「動物としての勘」のようなものに頼るしかありません。つまり、「腹」に聞く**のです。

すると意外に、とっくに自分の「腹」は決まっていたことに気づいたりします。理屈では説明できないけれど、一方を選べばモヤモヤが残り、別のほうを選べばスッキリした気分になるだろうとわかる。英語では、こういう感覚のことを「ガット・フィーリング（腸の感覚）」といいます。まさに「一本の消化管」にすぎない動物の感覚です。人間も動物である以上、この感覚には逆らわないほうがいい。**「人間らしさ」の前に、「動物らしさ」を大事にしたほうが、自分にとってよい判断ができることもある**のです。

長沼メモ　人間の「動物としての勘」は〝腹〟に残っている。

「人間性」も「個性」も、客観的なパラメータで説明される時代が来る!

生物学の世界では、今後ますます人間という存在が「単なる動物」として客観的に分析され、遺伝子レベルやゲノム・レベルで記述されるようになるでしょう。「人間とは何か?」という問いに対する答えとして、客観的なデータや数値を並べたものが示され、「これが人間のすべてです」「これがあなたのすべてです」と言われる時代は、おそらくそんなに遠い将来のことではありません。

それは、「これが人体です」という解剖学的な答えとは違います。これまで精神分析家や哲学者などが考察してきた**精神や心のあり方などのソフトウェアの部分も、ゲノム分析と脳科学によって解明されるに違いありません。**

実際、前章で述べたとおり、**協調性や愛着性といった人間のメンタリティ(の少なくとも一部)は遺伝子の支配下にある**と考えられます。また、母親の胎内で感染したウイルスが、ある種の心の病と相関しているらしいことなどもわかってきました。

個々の人間が持つ精神性は、目で見ることができません。しかしゲノムを分析すれば、それをどの遺伝子がコントロールしているかがわかるでしょうし、それがどのようなスイッチによって発現するのかを客観的にパラメータ(設定値)として記述できるでしょう。

顔や背恰好などの外見だけでなく、各個人の内的世界のあり方まで、その構造が「設計図」や「楽譜」で明らかにされるのです。

そこで分析されるのは、人類に共通の特徴だけではありません。それぞれの個体差までが分析されるでしょう。「これが人間です」どころか、「これがあなたです」とデータを示されてしまう。それこそ「個性重視の教育」を志向する学校の先生方は、それを見れば教え子の「個性」が何なのかを数字で把握できることでしょう。

これは、ある意味で実に味気ないことでしょうし、われわれにとって過酷なことかもしれません。**「自分らしさ」の正体がすべて暴かれ、その行動がパラメータで説明されてしまう**のです。

「おまえの遺伝子はこうなっていて、環境要因がAならこのスイッチが入り、Bならこちらのスイッチが入るだろう。その結果、こんな行動を取るはずだ」

こうなると、われわれに「自由意思」などというものがあるのかどうかもよくわかりません。「自分の頭で考える」や「自分で決める」を大事にしているつもりでも、実のところ、それはゲノムのパラメータから予測できる範囲のものでしかない。もちろん他人とは違う「個性」はありますが、それは「世界」すなわち環境パラメータに個人差があるとともに、それによって遺伝子のスイッチの入り方も違うだけのことです。

しかも、その環境パラメータも偶然に左右されるのですから、自ら選び取ったものではありません。**突然変異が偶然に左右されるのと同じで、個性もただの「結果」にすぎないのです。**

長沼メモ 私たちの「心」も「自分らしさ」も、実は環境と遺伝子に決められている。

「世界」の一部として生きる幸福を知る

「個の確立」や「自我の解放」などを重視してきた近代人にとって、「自分」がこのような形で相対化されるのは、そう簡単に受け入れられるものではないでしょう。これは、それこそダーウィンが『種の起源』によって起こした大変革に匹敵するほど大きなパラダイム・シフトです。

ダーウィニズムは、「神」を創造主の座から引きずり下ろしたことで、激しい論争を引き起こしました。人間は何らかの「物語」がないと自分や社会を保てない面があるので、神の不在に耐えられない人々は大勢いたのでしょう。

しかしそれでも、「人間性」や「自我」を拠り所とすることで、近代の社会は大きな物語を共有してきました。ところが21世紀の生物学は、それさえも相対化しようとしています。どちらも特別な存在意義はなく、そこに神秘性はありません。偶然の環境によって生じた、単なる自然現象のひとつにすぎないのです。

そうなると、もう、**生き方に悩んだ若者が「自分探し」の旅に出る必要もなくなるでしょう。いくら探しても、そこにはパラメータがあるだけです。**見つけたところで、「自分の生き方を自分で決めた」といった喜びや充実感を味わえるとは思えません。

これは、「神」がいなくなったとき以上に人々を苦しませる事態でしょう。なにしろ**「私」という最後の砦《とりで》が崩されてしまうのです。**あらゆる価値が相対化され、絶対的なものが失われてしまう。人間社会は、これ以上はないほど深いニヒリズムを抱え込むことになるかもしれません。

そうなったとき、われわれはどのように生きていけばいいのでしょうか。

ここで思い出してほしいのが、**「世界にはかなわない」**という言葉です。人生には自分で決められることなどほとんどなく、たいがいのことは外圧で決まる——精神的に苦しい40代を過ごした後、私はそんなふうに考えるようになりました。だから、たとえ不遇でも絶望することなく、風まかせに生きていればいい。星のめぐり合わせによっては、そのうち追い風も吹くだろう。生物は環境という外圧によって進化してきたのだから、個々の人間もそうやって進歩していくに違いない、というわけです。

「私」の絶対性が失われるのは苦しいことですが、すべては遺伝子とそのスイッチの支配下にあるのですから、その苦しみもまた「自分というプログラム」に織り込まれたものにすぎません。つまり、それも「外圧」によって生じている。「どうせオレはこういうことで苦しみを感じるように作られているのだから、しょうがない」と考えれば、楽にはならないものの、それを引き受ける気持ちにはなれるでしょう。その苦しみをどうやって乗り切るのか、あるいは乗り切ることができないのか、それも**すべて「世界」が決めています。**どうなろうと、それは「自分のせい」ではないのです。

何やら「無責任と開き直りのススメ」みたいな話になってしまいましたが、「生き物」としての人間について考えれば、そういう方向にならざるを得ません。かつて進化生物学者のリチャード・ドーキンスは、生物は「遺伝子の乗り物である」と述べました。これは、真実の一面を表しているでしょう。また、本書で私が指摘したように、生物は「卵子の乗り物」でもあるのかもしれません。いずれにしろ、人を空しい気持ちにさせる見方ではあると思います。

しかし、こう考えてみてはどうでしょう。**たとえ自分が死んでも、われわれの遺伝子や卵子は死ぬことがない。**地球上で40億年前に誕生した生命という現象は、そうやって延々と次世代にリレーされていきます。

さらに人間の世界では、遺伝子や卵子だけが未来に継承されるわけではありません。私の大好きなサイエンスが長い積み重ねによって発展してきたように、**人類は自らの精神的活動によって生み出した「文化」も過去から受け継ぎ、次代に残すことができます。**

そしてそこには、それぞれの時代に生きた人間たちが、みんな関わっている。「私」は「世界」にかなわないけれど、ほかの誰かにとって、あなたは「世界」の一部です。この「世界」を形成するピースのひとつとして、より豊かな未来の人間社会を作り上げるプロジェクトに参加できるのは、実に幸福なことではないでしょうか。「自分」のためではなく、**自分以外の「世界」のために貢献することで、われわれは生き物として「ちゃんと生きる」ことができる**のです。

長沼メモ　大いなるもの、すなわち「世界」の一部になれば、私たちは、死なない。

著者略歴

長沼毅
ながぬまたけし

一九六一年三重県で生まれてから四歳まで名古屋で過ごす。辺境生物学者。

広島大学大学院生物圏科学研究科准教授、理学博士。

筑波大学生物学類卒業、同大学院生物科学研究科修了。

八九年、海洋科学技術センター（現・国立研究開発法人
海洋研究開発機構JAMSTEC）に入所、深海研究に従事。国内外の派遣を経る。

生物海洋学、微生物生態学が専門だが、地球外生命や人類の将来などにも言及。

『深海生物学への招待』（幻冬舎文庫）、『地球外生命　われわれは孤独か』（岩波新書）、

『辺境生物探訪記〜生命の本質を求めて〜』（光文社新書）、

『死なないやつら　極限から考える「生命とは何か」』（講談社ブルーバックス）、

『考えすぎる脳、楽をしたい遺伝子』（クロスメディア・パブリッシング）など、著書多数。

「科学界のインディ・ジョーンズ」の異名で、テレビやラジオなどでも活躍。

幻冬舎新書 385

辺境生物はすごい！

人生で大切なことは、すべて彼らから教わった

二〇一五年七月三十日　第一刷発行

著者　長沼毅
発行人　見城徹
編集人　志儀保博

発行所　株式会社　幻冬舎
〒一五一-〇〇五一　東京都渋谷区千駄ヶ谷四-九-七
電話　〇三-五四一一-六二一一(編集)
〇三-五四一一-六二二二(営業)
振替　〇〇一二〇-八-七六七六四三

ブックデザイン　鈴木成一デザイン室
印刷・製本所　株式会社　光邦

Printed in Japan　ISBN978-4-344-98386-1 C0295
な-21-1
幻冬舎ホームページアドレス http://www.gentosha.co.jp/
＊この本に関するご意見・ご感想をメールでお寄せいただく場合は、comment@gentosha.co.jp まで。